Schlussbericht

für das Verbundprojekt

Laufzeit des Vorhabens: 08.05.2017 bis 31.12.2020

Förderkennzeichen: 03XP0099H

Zuwendungsempfänger: Faserinstitut Bremen e. V.
                            Am Biologischen Garten 2
                            28359 Bremen

Projektleiter und Autor: Daniel Beermann, M.Sc.

Co-Autor: Dr.-Ing. Patrick Schiebel

Die Verantwortung für den Inhalt dieser Veröffentlichung liegt beim Autor.

GEFÖRDERT VOM

Danksagung

Das Forschungsvorhaben FLATISA wurde aus Mitteln des Bundesministeriums für Bildung und Forschung im Rahmen der Initiative "ProMat 3D" des Projektträgers Jülich gefördert, denen wir ausdrücklich dafür danken. Darüber hinaus gilt der Dank den beteiligten Projektpartnern für die sehr gute und erfolgreiche Zusammenarbeit sowie die Unterstützung bei den Forschungsarbeiten.

In Kooperation mit:

Airbus Operation GmbH

Siemens AG

Universität Duisburg-Essen

ROWAK AG

AM POLYMERS GmbH

Airbus Defence & Space GmbH

VEW Vereinigte
Elektronikwerkstätten GmbH

CTC GmbH
(im Unterauftrag von Airbus)

© 2021 Faserinstitut Bremen e.V.

Die **Forschungsberichte aus dem Faserinstitut Bremen** erscheinen in unregelmäßiger Folge.
Herausgegeben vom
FASERINSTITUT BREMEN e.V. — FIBRE —
Am Biologischen Garten 2
D-28359 Bremen

Der vorliegende Band erscheint als Nr. 65 dieser Reihe.

Autoren: Daniel Beermann
Titel: FLATISA — Flammgeschützte, temperaturbeständige Thermoplaste für den industriellen Serieneinsatz von Additiven Fertigungsverfahren

Herstellung und Verlag: BoD – Books on Demand, Norderstedt.

ISBN dieses Bandes: 978-3-7597-6941-1
ISSN der Reihe: 1618–7016

<u>Kurzfassung</u>

Im Verbundvorhaben FLATISA wurden anforderungsgerechte flammgeschützte, temperatur-beständige Kunststoffmaterialien für den industriellen Serieneinsatz von Additiven Fertigungs-verfahren (AM) entwickelt. Im Fokus des Projektes standen die AM-Verfahren Laser-Sintern (LS) und Fused Deposition Modeling (FDM). Ziel war die Entwicklung von hinsichtlich Flammschutz modifizierten Polyamiden (Polyamid 6 (PA 6) und Polyamid 66 (PA 66)) für den LS-Prozess sowie zur Weiterverarbeitung zu endlosfaserverstärkten Bauteilen im FDM-Prozess. Die Verarbeitbarkeit von Hochleistungsthermoplasten zu Bauteilen mit komplexer Faserverstärkung sollte im entwickelten Fused Layer Manufacturing (FLM)-Prozess gegeben sein. Gleichzeitig wurde die Einstellung robuster Verarbeitungsbedingungen der Materialien in beiden Verfahren unter Anpassung bzw. Entwicklung der erforderlichen Prozessführung, Anlagentechnik und Qualitätssicherung verfolgt. In der nach-folgenden Abbildung 1 ist der Arbeitsstrukturplan des Gesamtvorhabens dargestellt.

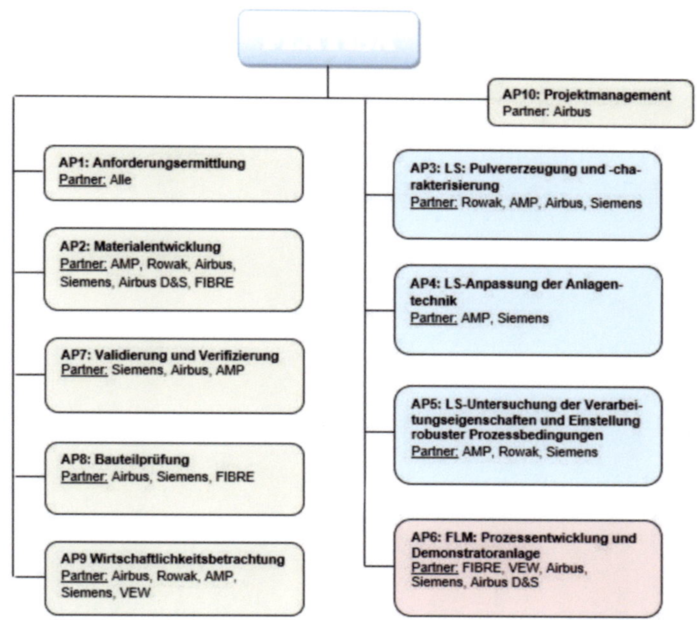

Abbildung 1: Arbeitsstrukturplan des Vorhabens FLATISA

Das Faserinstitut Bremen e. V. (FIBRE) arbeitete schwerpunktmäßig an der Entwicklung der Materialien (AP2) sowie des zugehörigen FDM-Prozesses für faserverstärkte Materialien (AP6). Mit dem Fachwissen zur Fertigung und Verarbeitung von Faserverbundwerkstoffen leistete das FIBRE Beiträge zur Ermittlung der Anforderungen an die zu entwickelnden Materialien (AP1) und validierte die Ergebnisse in Fertigungsversuchen sowie durch prozessbegleitende Bauteilprüfungen (AP8).

Inhaltsverzeichnis

1   Kurzdarstellung

Ziel des Verbundvorhabens FLATISA war die Entwicklung von anforderungsgerechten flamm-geschützten, temperaturbeständigen Kunststoffmaterialien für den industriellen Serieneinsatz von Additiven Fertigungsverfahren. Im Fokus des Projektes standen hierbei die AM-Verfahren Laser-Sintern (LS) und Fused Deposition Modeling (FDM). Ziel war die Entwicklung von flammwidrig modifizierten Polyamiden (Polyamid 6 (PA 6) und Polyamid 66 (PA 66)) für den LS-Prozess sowie zur Weiterverarbeitung zu endlosfaserverstärkten Bauteilen im FDM-Prozess. Die Verarbeitbarkeit von Hochleistungsthermoplasten zu Bauteilen mit komplexer Faserverstärkung sollte im entwickelten FDM-Prozess gegeben sein. Gleichzeitig wurde die Einstellung robuster Verarbeitungsbedingungen der Materialien in beiden Verfahren unter Anpassung bzw. Entwicklung der erforderlichen Prozess-führung, Anlagentechnik und Qualitätssicherung verfolgt.

Das Faserinstitut Bremen e. V. arbeitete schwerpunktmäßig an der Entwicklung der Materialien (AP 2) sowie des zugehörigen FDM-Prozesses für faserverstärkte Materialien (AP 6). Mit dem Fachwissen zur Fertigung und Verarbeitung von Faserverbundwerkstoffen leistete das FIBRE Beiträge zur Ermittlung der Anforderungen an die zu entwickelnden Materialien (AP 1) und validierte die Ergebnisse in Fertigungsversuchen sowie durch prozessbegleitende Bauteilprüfungen (AP 8). Eine detaillierte Beschreibung der durchgeführten Forschungs- und Entwicklungsarbeiten erfolgt in Kapitel 2.

1.1   Aufgabenstellung

Im AP 2 sollte das Material zum 3D-Drucken faserverstärkter Strukturen ausgewählt und im Hinblick auf die Druckbarkeit charakterisiert werden. Aus den gewählten Basismaterialien sollten die Faser-Matrix-Halbzeuge zur Verarbeitung im Druckkopf hergestellt werden. Das FIBRE legte den Fokus auf die Entwicklung der Prozesskette zur Herstellung von endlosfaserverstärkten 3D-Druckfilamenten und die zugehörige Charakterisierung dieser gefertigten Monofilamente.

Die wissenschaftlichen Arbeiten während der FDM-Prozessentwicklung waren eng mit der technischen Ausgestaltung der Demonstratoranlage verknüpft. Das FIBRE untersuchte hier die Wirkbeziehungen im Druckprozess. In enger Zusammenarbeit mit dem Anlagenentwickler VEW GmbH wurden die Einzelfunktionen des Druckkopfs entwickelt. FIBRE untersuchte in Vortests die jeweiligen technischen Entwicklungen und analysierte die resultierenden Phänomene. Gemeinsam mit der VEW GmbH wurde die technische Entwicklung iterativ vorangetrieben, um im AP 6.4 eine Demonstratoranlage aufzubauen, welche die in AP1 definierten Anforderungen an Material, Prozess und Bauteil erfüllt.

In laboranalytischen Untersuchungen sollten die faserverbundtypischen Material- und Bauteil-eigenschaften in AP 8 ermittelt werden. Zur Ermittlung der Bauteileigenschaften erfolgten statische Belastungstests und bildgebende Verfahren wie z. B. Computertomographie. Es wurden weiterhin faserverbundtypische Prüfungen durchgeführt, welche die Qualität des generierten Materials beschreiben (Anfertigung von Schliffbildern etc.).

1.2   Voraussetzungen, unter denen das Projekt durchgeführt wurde

Das Faserinstitut Bremen e. V. besitzt langjährige Erfahrung im Bereich der Material- und Verfahrens-entwicklung im Faserverbundbereich. Seit 2014 forscht das Institut aktiv im Bereich der end-losfaserverstärkten additiven Fertigung. In den durchgeführten Forschungsprojekten (WfB-Projekt "BaGeMint" (Fkz.: FUE0566A/B) und AiF-ZiM "ProFi" (Fkz.: 16KN021259)) wurden dabei sowohl Materialaspekte als auch der 3D-Druckprozess betrachtet, um die Prozesskette von der Halbzeug-herstellung über den Druckprozess bis zum fertigen Bauteil mit Endlosfaserverstärkung verstehen und abbilden zu können. Die daraus resultierende Erfahrung, der stetige Austausch mit der Industrie sowie die Fähigkeiten zur Prozessmodellierung bieten die fachliche Voraussetzung zur Erreichung der vorgestellten Projektziele.

Das Faserinstitut Bremen e. V. verfügt in den vier Kompetenzfeldern „Strukturdesign und Fertigungs-technologien", „Modellbildung und Simulation", „Messsysteme und Monitoring" sowie „Faser- und Materialentwicklung" spezialisierte und hochqualifizierte wissenschaftliche Mitarbeiter für die Bearbeitung der jeweiligen Forschungsaufgaben. Die Charakterisierung der Materialien wurden im akkreditierten Labor von ausgebildeten Laboranten und Werkstoffprüfern durchgeführt. Außerdem stehen für die praktischen Versuche im Technikum erfahrene, spezifisch qualifizierte technische Mitarbeiter zur Verfügung.

1.3   Wissenschaftlicher und technischer Stand zu Beginn

Die am Markt verfügbaren FLM-Drucker verarbeiten ein drahtförmiges Monofilament, bestehend aus technischem Thermoplast, welches in einer Druckdüse aufgeschmolzen wird. Der schmelzflüssige Thermoplast wird über eine Kinematik schichtweise auf einem Druckbett aufgetragen und erstarrt, um einen Volumenkörper zu erzeugen.

Als Werkstoffe zur Verarbeitung in FLM-basierten Verfahren haben sich Monofilamente aus ABS, PLA oder Nylon etabliert. Sie bieten ein attraktives Preis-Leistungsniveau und können prozesssicher bei Temperaturen von ca. 30 °C oberhalb ihrer Schmelztemperatur verarbeitet werden. Die Druckwerkstoffe besitzen zwar in xy-Richtung ausreichende mechanisch-physikalische Eigenschaften. Leider sind die mechanischen Eigenschaften in z-Richtung um 20 bis 30 % geringer, sodass diese Werkstoffe weniger für ein breites Anwendungsgebiet in technischen Produkten nutzbar sind. Zur Steigerung der mechanischen Bauteileigenschaften sollen im FLM-Prozess Verstärkungsfasern in die Bauteilschichten eingebracht werden. Dazu wurden erste Lösungsansätze vom ORNL (Oak Ridge National Laboratory, USA) vorgestellt, mit welchen Kurzfasern in Bauteile integriert werden [Ga15]. Weiterhin wurde im Herbst 2014 von dem Unternehmen MarkForged (Somerville, MA, USA) der 3D-Drucker "MarkOne" auf den Markt gebracht, der mit thermoplastischem Kunststoff ummantelte Endlosfasern im additiven Verfahren verarbeitet. Sämtliche FLM-Druckverfahren arbeiten wie oben erwähnt nach dem schichtweisen Materialauftrag, sodass Verstärkungsmaterialien ausschließlich innerhalb einer Schicht eingearbeitet werden und somit keinen wirklichen 3D-Druck darstellen, sondern vielmehr einen 2,5 D-Druck ausführen [Na14]. Die in diesem Vorhaben angestrebten Entwicklungen beziehen sich auf die additive Fertigung und die flexible Faserintegration in alle Raumrichtungen, sodass hier eine Verstärkungswirkung über die klassische Generierungsschicht hinaus erfolgt.

Die mechanischen, physikalischen und thermischen Eigenschaften von technischen Thermoplasten können durch eine Nachbehandlung mit Elektronenstrahlen gezielt optimiert werden [Br08]. Die Polymerketten von Thermoplasten sind grundsätzlich unvernetzt, woraus die typischen Materialeigenschaften, wie z. B. der temperaturabhängigen Kennwerte resultieren. Durch eine gezielte Behandlung mit Elektronenstrahlen werden freie Radikale abgespalten, die die Polymerketten miteinander vernetzen. Als gut geeignet gelten semikristalline Thermoplaste mit H-Atom in Alpha-Stellung, wie z. B. PA 6, PA 11, PA 12, PBT, PE oder auch PP, die bereits in Anwendung für den FLM-Prozess sind (siehe Abbildung 2).

Bei Kunststoffen wie Polyamid ist eine Zugabe von Vernetzungsmitteln für die Durchführbarkeit der Strahlenvernetzung erforderlich. Vernetzungsadditive bilden durch die energetische Anregung der Strahlung freie Radikale, welche über radikalische Polymerfunktionen als Brückensegment eingebaut werden und somit die Polymerketten vernetzen. Je nach Polymer zeigen Vernetzungsadditive wie z. B. Triallylisocyanurat (TAIC), Trimethylolpropantriacrylat (TMPTA) oder auch Pentaerythritoltriacrylat (PETA) gute Ergebnisse [Br08]. Die Additive fördern eine frühzeitige Vernetzung bei reduzierter Dosis. Des Weiteren können durch die eingesetzten Mittel auch Funktionen wie z. B. Flammschutz adressiert werden [Be90, Wo94]. Das Vernetzungsadditiv, wie z. B. TAIC, ist grundsätzlich flüssig und wird zur leichteren Verarbeitbarkeit vorgemischt als Masterbatch, ein Granulat mit hochdosiertem Vernetzungsadditiv, angeboten. Die Bestrahlung wird als Anschlussprozess nach der Fertigung durchgeführt, wobei eine hocheffiziente Logistik zu sehr niedrigen Bestrahlungskosten von unter 1 €/Bauteil (Beispiel: kleiner Beschlag) führt. Im BMW Mini kommt bereits eine im Motorraum verbaute Blow-by-Leitung zum Einsatz, welche über Strahlenvernetzen aus kostengünstigem PA 6 mit 15 % Glasfaseranteil realisiert werden konnte. Auch weitere Komponenten im Motorraum wie z. B. Zahnräder, welche dem direkten Kontakt mit heißem Öl ausgesetzt sind, konnten aus strahlen-vernetztem PA 66 realisiert werden, wodurch Kosten sowie Gewichtseinsparungen erzielt werden konnten [Na14].

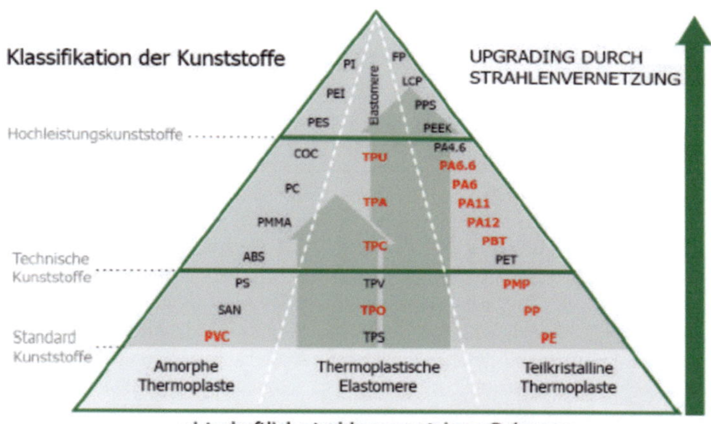

Abbildung 2: Klassifikation von Thermoplasten und deren vernetzbaren Vertretern (rot, (Bg15))

Die durch eine Strahlenvernetzung optimierbaren Materialeigenschaften sind in der nachfolgenden Tabelle dargestellt [We15]. Bis dato sind keinerlei Untersuchungen oder Anwendungen bekannt, welche den FLM-Prozess mit dem Nachvernetzen durch Bestrahlen kombinieren.

Tabelle 1: Durch Strahlenvernetzung von technischen Thermoplasten optimierbare Eigenschaften [We15]

Mechanisch	Thermisch	Chemisch / physikalisch
- Anstieg der Moduln vor allem im Glasübergangsbereich - Zunahme der Festigkeit bei Abnahme der Bruchdehnung (leichte Sprödigkeit) - Reduktion des Kriechens unter Last - Verbesserung der Abriebfestigkeit - Zunahme der Durchschlagfestigkeit	- Reduzierung der Entflammbarkeit - Erhöhung der Wärmebeständigkeit (kein Aufschmelzen mehr möglich) - Reduzierung der thermischen Ausdehnung - Verbesserung der Langzeittemperatur-beständigkeit	- Reduktion der Löslichkeit und Abnahme der Quellung - Verbesserung der Spannungsriss- und Chemikalienbeständigkeit

Eine gesamtheitliche Qualitätssicherungsstrategie (QS) ist die Grundlage für die Fertigung von Hochleistungsstrukturen in der Luftfahrt. Hierzu sind geeignete Qualitätssicherungstechniken zur Material- (offline) sowie zur Prozesskontrolle (inline) notwendig. Die Herstellung eines Bauteils in Additiver Fertigung geschieht aus dem Reinpolymer, welches über ein Halbzeug (Pulver, Filament) zum fertigen Bauteil verarbeitet wird. Für die Fertigung in Pulverbetttechnik (LS) kommen bereits zahlreiche QS-Techniken zum Einsatz. Bekannte Ansätze sind z. B. die Überwachung des Laserpfades oder auch 1D/2D Pyrometer bzw. Thermosensoren zur Absicherung des Aufschmelzens und der eingebrachten Wärme. Des Weiteren werden Einzelaufnahmen (CCD Sensor, Nahinfrarot-spektroskopie) der aktivierten Schichten aufgenommen und in ein 3D Bild überführt, wodurch prozessbedingte Ungänzen in 3D visualisiert werden können (Ta14, Cl14). Auch wurden bereits Hochgeschwindigkeits-IR-Sensoren in Kombination mit optischen Bildern zur Überwachung des Trackingpfades und der tatsächlichen Abkühlraten eingesetzt. Die bereits umgesetzten QS-Techniken für den FLM-Prozess sind bis dato auf einem deutlich rudimentärerem Niveau.

Hinsichtlich der Qualitätssicherung sind beim FLM-Prozess derzeit noch keinerlei Systeme bekannt, die während des Prozesses potentielle Unregelmäßigkeiten anzeigen können.

Eine Patentrecherche zu dem Thema Integration von Faserverstärkung in ein Druckmaterial oder in den Prozess hat ergeben, dass sich bereits verschiedene Entwicklungen in Anmeldung befinden oder teilweise Altansprüche verfallen sind. Im Speziellen die Patentanmeldungen der Firma Markforged und CC3D befinden sich in dem Themenkomplex, welcher mit FLATISA adressiert wird. Diese Erfindungen fokussieren sich jedoch stark auf kommerzielle Produkte, welche aktuell für die Luftfahrtindustrie in Deutschland keine Anwendung darstellen. Nach Meinung der Projektpartner bieten die vorliegenden Patentanmeldungen genügend Spielraum, um eine spezialisierte Lösung für Material und Prozess zu finden, welche genau die Bedarfe der Luftfahrt sowie die Bedarfe anderer Industriezweige an flammgeschützten Bauteilen bedient.

Tabelle 2: Patentrecherche Fused Layer Modelling

Patent	Anmelder	Inhalt	Abgrenzung zu FLATISA
US 2013/0056672 A1	Boeing	additives Herstellungsverfahren, bei dem magnetische Teile im Matrixsystem mit Hilfe eines elektromagnetischen Feldes ausgerichtet werden	nur Kurz- und Langfasern mit einer Länge von 3 bis 6 mm; keine Endlosfaser
WO 2008/029178 A1	Airbus	Prozess, bei welchem zuerst Kurzfasern in der Ebene aufgetragen und mittels elektrostatischem Feld ausgerichtet werden; Fasern werden mit einem Harzsystem in Verbindung gebracht und ausgehärtet	nur Kurz- und Langfasern mit einer Länge von 3 bis 6 mm; keine Endlosfaser
WO 2014/197732 A2 (US 9149988 B2 US 9126365 B1 US 9126367 B1 US 9156205 B2 US 9186846 B1 US 9186848 B2 US 9327452 B2 US 9327453 B2 US 9370896 B2)	Markforged, Inc.	Methode, um ein spezielles vorummanteltes Fasermaterial schichtweise auf eine Plattform aufzubringen. Die erteilten US-Patente beschreiben sehr genau den Aufbau der Maschine MarkOne.	Aufbringen der Lagen „out-of-plane" d. h. nicht parallel zur Druckplattform sowie alternative Halbzeuge und Prozesse zur Vorimprägnierung
US 2012/0231225 A1	Stratasys Inc.	Material bestehend aus thermoplastischer Schale und Kern, welches für einen extrusionsbasierten AM Prozess eingesetzt werden kann	Funktionalisierung des Materials mit Flammschutz und Fasern im Gegensatz zu reinem Thermoplast bzw. Thermoplast-Hybrid
US 5936861A	Nanotek Instruments Inc.	Apparatur und Prozess für die Herstellung von faserverstärkten Compositebauteilen in einem Extrusionsprozess auf einer Bauplattform mit Faserverstärkung planparallel zur Plattform	Ansprüche verfallen – Faserverstärkung out-of-plane
DE 10 2012 016 248 A1	Fraunhofer Gesellschaft	Werkzeug als auch Verfahren für die Ummantelung eines als Meterware vorliegenden Langgutes mit Fokus auf die Materialförderung aus einer Düse	Alternative Materialförderung und Halbzeugformen sowie im speziellen out-of-plane Verstärkung
DE 10 2010 049 195 B4	TU München	Methode zur Einbringung einer kontinuierlichen Faserverstärkung in einen Sinterprozess; sequentielles Verfahren (erst Einbringung und Ausrichtung der Fasern, dann Auftragen des Kunststoffes)	Der Sinterprozess wird für die Faserintegration nicht betrachtet, die Applikation der Fasern erfolgt gleichzeitig mit Applikation des Kunststoffes
US 6519500 B1	Solidica Inc.	„Ultrasonic object consolidation" beschreibt die Umsetzung einer Konsolidierung und Verschweißung einzelner Lagen mittels Ultraschall und Anpressdruck	Höhere Komplexität durch feinere Halbzeuge soll erreicht werden, flächige Verstärkung durch lastangepasste Verstärkung ersetzt werden
US 2014/0061974 A1	Cc3d LLC	Methode sowie eine Apparatur für ein kontinuierliches, dreidimensionales Drucken von Compositebauteile. Fokus besteht auf aushärtenden Materialien, welche gezielt im Raum mit einer Reaktionsquelle ausgehärtet werden können	Fokus auf schmelzbare Thermoplaste

- Vorherige Arbeiten des Antragstellers:

Das FIBRE erarbeitet Lösungen für neuartige Fertigungstechnologien zur Herstellung von Faserverbundstrukturen. Zur Erreichung der Vorhabensziele konnte vom FIBRE auf umfangreiches Vorwissen zurückgegriffen werden, welches in Vorarbeiten erarbeitet wurde. Insbesondere das lastoptimierte, flächige Ablegen von Fasern in der Ebene im TFP (Tailored Fibre Placement)-Verfahren wurde in der Vergangenheit weiterentwickelt (WfB-Projekt "CFK-frames", FKZ: FUE0540C sowie BMWI/LuFo-Projekt "VIA-Hybrid", FKZ: LuFoIV-249-144). Im TFP-Verfahren hergestellte, zweidimensionale textile Strukturen können durch das Aufschichten einzelner Preformlagen und der Konsolidierung in einer Heißpresse zu Bauteilen in Endkontur verarbeitet werden, welche erhöhte mechanische Eigenschaften in Faserrichtung aufweisen. Einige zweidimensionale TFP-Strukturen sowie der TFP-Ablegekopf zur flächigen Faserablage sind in der nachfolgenden Abbildung 3 gezeigt.

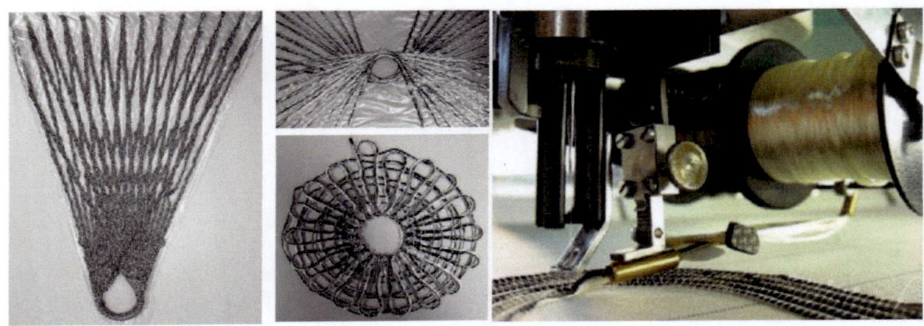

Abbildung 3: Kraftflussgerechte CF-TP-Faserablage im TFP-Verfahren

Neben der zweidimensionalen Faserablage werden am FIBRE dreidimensionale Formgebungsprozesse betrachtet, wie beispielsweise die Thermoumformung zur Herstellung thermoplastischer Faserverbundkomponenten für den Flugzeugbau (BMWI/LuFo-Projekt: "AUTOMATH", FKZ: PTLF-74-087). Die in der Luftfahrtbranche geforderten Qualitäten für die Prozessführung sowie für Bauteile sind durch verschiedene Fertigungsentwicklungen im Airbus A350 Programm bekannt. Die Beherrschung des komplexen Materialverhaltens von Faserverbundbauteilen sowie das Zusammenspiel von Fasern und thermoplastischen Kunststoffen wurde in Industrie- und Forschungsaufträgen untersucht. In der Vergangenheit entwickelte das FIBRE grundlegende Imprägnier- und Konsolidierungsprozesse für thermoplastische Verbundbauteile sowie spezielle Halbzeuge und Hochtechnologiematerialien für industrielle Verfahren. Beispielsweise wurden für die Applikation des Laser-Transmissions-Schweißen spezielle Halbzeuge entwickelt, die sich erstmals dreidimensional miteinander verschweißen lassen (Eurostars/BMBF-Projekt: "LaWocs", BMBF, Fkz.: 01QE1002B). Eine weitere Entwicklung zur Herstellung funktionalisierter Fasern, sogenannte Bi-Komponenten-fasern, die innerhalb weniger Sekunden effizient durch Induktionstechnik auf über 400 °C zur schnellen Faserimprägnierung erhitzt werden können, wurde im AiF-Projekt: "BiKo-Peek" (AiF, Fkz.: 16827N/1) durchgeführt. Den Einstieg des FIBRE in den Bereich der generativen Fertigungs-technologien bildete im Jahr 2014 das regional geförderte WfB-Projekt "BaGeMint" (Fkz.: FUE0566A/B). Im Projekt wurden die Standard "Druckthermoplaste" (PLA und ABS) sowie Polyamid 6 verwendet. Es wurden Faserdruck-Konzepte sowie Faser-Matrix-Halbzeuge entwickelt und getestet, die vielversprechende Ergebnisse für Folgearbeiten lieferten. In einem weiteren Projekt (AiF-ZiM "ProFi", Fkz.: 16KN021259) werden die Materialien und das Verfahren weiterentwickelt, um den FDM-Faserdruck mit Standardthermoplasten für den Markt zugänglich zu machen.

Die nachfolgende Abbildung 4 zeigt den prototypischen Druckkopf zur Fertigung eines Kohlenstoff-faser/ABS-Bauteils mit Hilfe eines Industrieroboters.

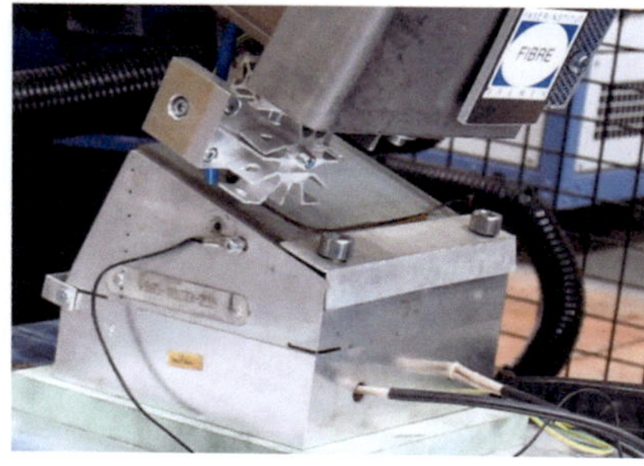
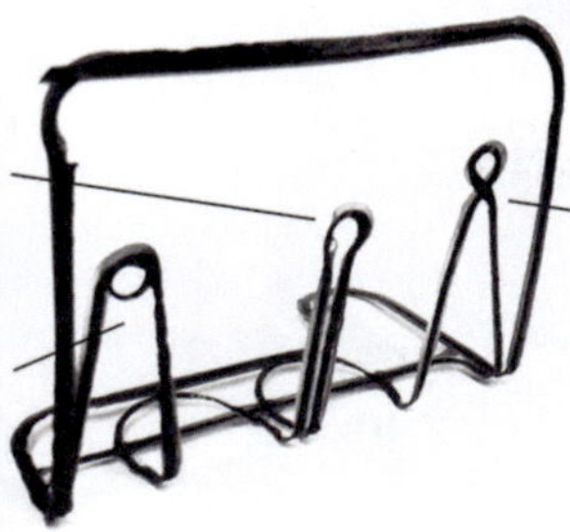

Abbildung 4: Prototypischer Druckkopf (links) und gedrucktes Bauteil (rechts)

Für den Druckprozess wurden die einflussgebenden Prozessgrößen ermittelt und für das 3D-Drucken von Standardthermoplasten quantifiziert. Die Wechselwirkungsbeziehungen zwischen den Druck-parametern und den resultierenden Bauteilqualitäten wurden ermittelt. Das Temperaturmanagement im Druckkopf sowie im Druckbett bestimmt die Formtreue sowie die innere Qualität (Faservolumen-gehalt, Lufteinschlüsse, Delaminationen, Poren) der Bauteile. Die Abhängigkeiten wurden quantifiziert, sodass ein Prozessfenster zum Drucken der Thermoplaste bei gleichzeitiger Ablage von Kohlenstofffasern ermittelt wurde. In Schliffbilduntersuchungen der gedruckten Substrate wurden die mit PLA und ABS erreichten inneren Bauteilqualitäten ermittelt. Über die Stärke der Bauteilwandung wurde beispielsweise ein Faservolumengehalt (FVG) von ca. 8 %, über den Querschnitt des gedruckten Faserbündels (Roving) ein Faservolumengehalt von ca. 60 % erzielt (siehe Abbildung 5, links).

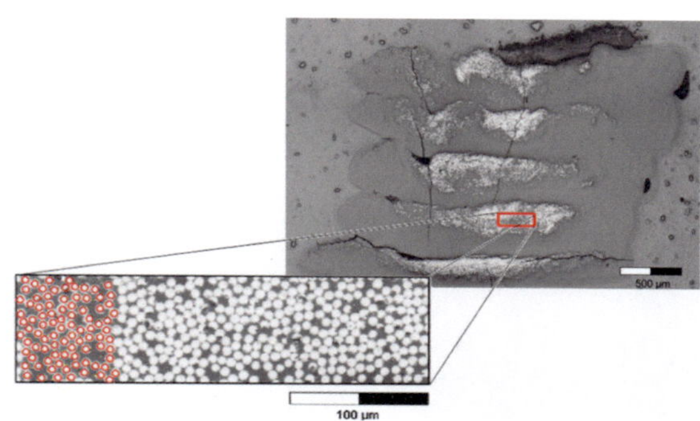

Abbildung 5: Innere Bauteilqualität im Rovingquerschnitt (links) und im gedruckten Substrat (rechts)

Auf der Basis dieses Forschungsstandes erfolgten in FLATISA die Material- und Prozessentwicklungen zum 3D-Drucken der flammwidrig modifizierten Hochleistungsthermoplaste in Luftfahrtqualität.

1.4   Zusammenarbeit mit anderen Stellen

Im Forschungsvorhaben FLATISA übernahm das Unternehmen Airbus Operations GmbH mit dem gesammelten Knowhow im Bereich der Composite-Technologie und dem Flugzeugbau die Projektleitung. Dabei organisierte Airbus die Abstimmung der Arbeiten der einzelnen Teilvorhaben, welche sich an den Anforderungen und dem ganzheitlichen Entwicklungsansatz für den endlosfaserverstärkten 3D-Druck mit flammhemmenden Matrixsystemen sowohl für die Materialentwicklung als auch den 3D-Druckprozess orientierten. Airbus ist auch für den Ergebnistransfer in die Entwicklung von Bauteilen in Passagierflugzeugen zuständig. Die enge Verknüfung der Projektpartner führte zu einem starken Netzwerk auf dem Gebiet des endlosfasverstärkten 3D-Drucks und der Gestaltungsmöglichkeiten von Bauteilstrukturen.

Insbesondere mit der VEW GmbH und der CTC GmbH im Unterauftrag von Airbus wurde bei der Entwicklung der 3D-Druck-Roboterzelle zusammengearbeit und die bisherigen Erfahrungen am FIBRE aus Vorgängerprojekten (z. B. ProFi) eingebracht. Auch wurde mit der VEW GmbH ein Autausch zur Entwicklung der Online-Messsensorik durchgeführt, bei welchem auf die Zusammenarbeit in weiteren Projekten (z. B. HyPatchRepair) aufgebaut wurde. Des Weiteren unterstützte das FIBRE die weiteren Projektpartner bei laboranalytischen Untersuchungen zu den Pulvermaterialien.

2 Einhergehende Darstellung des Projekts

Im folgenden Kapitel werden die erzielten Forschungsergebnisse beschrieben. Außerdem wird der Nutzen des Forschungsvohabens FLATISA für zukünftige Anwendungen in der Industrie und Projekte in der Forschung prognostiziert.

2.1 Erzielte Ergebnisse

Ziel des Verbundvorhabens FLATISA war die Entwicklung von anforderungsgerechten flammgeschützten, temperaturbeständigen Kunststoffmaterialien für den industriellen Serieneinsatz von Additiven Fertigungsverfahren. Im Fokus des Projektes standen hierbei die AM-Verfahren Laser-Sintern (LS) und Fused Deposition Modeling (FDM). Ziel war die Entwicklung von hinsichtlich Flammschutz modifizierten Polyamiden (Polyamid 6 (PA 6) und Polyamid 66 (PA 66)) für den LS-Prozess sowie zur Weiterverarbeitung zu endlosfaserverstärkten Bauteilen im FDM-Prozess. Die Verarbeitbarkeit von Hochleistungsthermoplasten zu Bauteilen mit komplexer Faserverstärkung ist im entwickelten Fused Layer Manufacturing (FLM)-Prozess gegeben. Gleichzeitig wurde die Einstellung robuster Verarbeitungsbedingungen der Materialien in beiden Verfahren unter Anpassung bzw. Entwicklung der erforderlichen Prozessführung, Anlagentechnik und Qualitätssicherung verfolgt.

2.1.1 AP 1 Anforderungsermittlung

In Zusammenarbeit mit den Projektpartnern wurden in AP 1 zu Projektstart Zielbauteilgrupper seitens Airbus im Luftfahrtzeug-Sektor und Siemens im Bereich Schienenfahrzeuge vorgestellt, für die eine Verwendung additiv gefertigter Bauteile wahrscheinlich ist. Die mechanischen sowie chemischen Mindestanforderungen wurden von den späteren Anwendern vorgestellt sowie im Projektkonsortium gemeinschaftlich als Zielsetzung festgelegt und galten für den Projektverlauf als das mindestens zu erreichende Ziel. Die Anforderungen an die Pulvermaterialien sind in der unteren Tabelle 3 dargestellt.

Tabelle 3: Anforderungen an die Pulvermaterialien im Projekt "FLATISA"

Line	Properties	Test methods	Units	Airbus min Moist / DAM in accordance to AIMS04-01-003 (PA66-HS)	Siemens Mobility min. Moist / DAM according to SoA materials	Siemens Industry min. Moist / DAM according to SoA materials
				Requirements		
1	**Fire properties wall thickness ≥ 1,2 mm (Moist & DAM) unpainted (optinal painted)**					
2	Flammability	AITM2-0002A		vertical 12 s	EN45545 R17	UL94 V0 1.2 mm
3	Smoke density	AITM2-0007	-	< 200		-
4	Toxicity	AITM3-0005	ppm	pass		-
5	**Mechanical properties (Moist / DAM) at RT**					
6	Tensile strength	ISO527-2/1A/5	MPa	> 50 / > 80	> 50 / > 80	> 50 / > 80
7	Tensile strain at break		%	> 15 / > 10	> 10 / > 6	> 10 / > 6
8	Tensile modulus	ISO527-2/1A/1	MPa	> 1000 / > 2600	> 1200 / > 3000	> 1200 / > 3000
9	Flexural strength	ISO178	MPa	TBD	-	-
10	Flexural modulus		MPa	TBD	-	-
11	Compression strength	ISO604	MPa	TBD	-	-
12	Compression modulus		MPa	TBD	-	-
13	**Thermal properties Moist & DAM**					
14	HDT	ISO75-2 1,8 MPa	°C	> 60	> 100	> 100
15	RTI	UL746B	°C	> 105 (impact)	-	> 120 (electrical)
16	**Chemical resistance Moist & DAM**					
17	Hydraulic, fuel, cleaners, coatings, anti-icing/de-icing fluids	ISO175		pass	pass	-
18	**Electrical properties**					
19	Comparative Tracking Index	IEC 60112	V	TBD	-	> 600
20	Glow wire test	IEC 60695	°C	-	-	960

Der Flammschutz wird bei Airbus nach den AITM2/3-Richtlinien geprüft. Siemens unterscheidet beim Flammschutz zwischen Mobility- (DIN EN 45545) und Industry-Anwendungen (UL94 V0). In der Norm DIN EN 45545 sind 26 Anforderungssätze von R1 bis R26 definiert. Der Anforderungssatz ergibt sich aus der Funktion, dem Einsatzort und Lage der Komponenten; jedem dieser Anforderungs-sätze sind Prüfverfahren und Grenzwerte zugeordnet. Es gibt 3 Gefährdungsstufen; HL1 bis HL3. HL3 ist der höchste Grenzwert zugeordnet. Für Mobility

Anwendungen wird das Material nach R17HL3 geprüft. Neben dem Flammschutz wird nach EN 45545 auch die Rauchgasdichte, Toxizität, Wärmefreisetzungsrate und der Wärmestrom bestimmt. Bei der Prüfung nach AITM2/3 werden neben dem Flammschutz auch die Rauchgasdichte und Toxizität gemessen. Bei UL94 wird nur der Flammschutz geprüft. Nach AITM2 wird eine Probengeometrie von 75 mm x 300 mm verlangt, wobei UL 94 V0 eine Geometrie von 12,7mm x 127mm vorschreibt. Die Wandstärke der Probe-körper für UL 94 wird auf 1,2 mm festgelegt. Die Probengeometrie nach DIN EN 45545 wurde von Siemens später festgelegt. Die Flammschutzprüfungen im Rahmen des Materialscreenings sollten bei Airbus mit Prüfkörpergeometrien von 75 mm x 200 mm durchgeführt werden. Die Materialien werden 12 sec (Wunschforderung liegt bei 60 sec) beflammt.

Für die Zugfestigkeit werden einheitlich 50 MPa (feucht) bzw. 80 MPa (trocken) gefordert. Der E-Modul soll bei 1000 bzw. 1200 MPa (feucht) und 2600 bzw. 3000 MPa (trocken) liegen. Für Luftfahrtanwendungen kommen PA 6 Anwendungen evtl. nicht in Frage, da Airbus eine Streck-spannung von mindestens 50 MPa im feuchten Zustand bei einem E-Modul von ca. 1000 MPa fordert. Eine Bruchdehnung von >10 % im trockenen Zustand wird mit SLS-Verfahren nicht leicht erreicht werden, im Spritzguss ist aber eine Bruchdehnung von >10 % Standard. Aktuell werden laut Datenblatt Bruchdehnungen im SLS-Verfahren von 4,5 % mit Ultrasint PA6-X028 ohne Flammschutz von BASF und 3,0 % mit Sinterline PA 6 ohne Flammschutz von Solvay erreicht.

Bei den thermischen Eigenschaften wurde von Airbus ein HDT-Wert nach ISO75-2 (1,8 MPa) von > 60 und von Siemens ein Wert von über 100 bzw. >120 gefordert. Für den RTI-Wert wurde von Airbus ein Wert von > 105 (Bezug: Schlagzähigkeit) und von Siemens Industry ein Wert von > 120 (Bezug: Durchschlagfestigkeit) angesetzt. Bzgl. der Chemikalienbeständigkeit erfolgte die Ausrichtung hinsichtlich der Anforderungen weitgehend nach Airbus. Elektrische Eigenschaften wurden nur für Siemens Industry Anwendungen festgelegt; hierbei sollte ein CTI-Wert von > 600 erreicht und ein Glow wire test (960) bestanden werden.

Neben den genannten Kernanforderungen wurden von Airbus und der CTC GmbH (unterbeauftragt durch Airbus) weitere Prozessanforderungen zusammengestellt:

- niedrige Materialkosten (Wiederverwendung von gebrauchtem Pulver),

- das Pulver muss für die Pulverbetttechnologie geeignet sein (Korngrößenverteilung, Fließfähigkeit, ...),

- das Pulver muss auf verschiedenen 3D-Druckern verwendbar sein,

- gute Hafteigenschaften für Kleben und Lackieren, wenn Primer nicht anwendbar ist,

- der Bohrprozess ist anzuwenden,

- geeignet für verschiedene Montagetechnologien,

- die Markierung mit dauerhafter Lackierung muss möglich sein,

- glatte Oberfläche und

- geringer Schadstoffausstoß während des Prozesses.

Die Materialentwicklung für den FLM-Prozess ist aufgrund der niedrigeren Prozessreife generischer anzusehen als für die Pulvererzeugung für den Laser-Sinter-Prozess, welcher von den weiteren Projektpartnern im FLATISA-Projekt betrachtet wurde. Das Anwendungsspektrum der Materialien ist grundsätzlich identisch, kann jedoch um lasttragende Primärstrukturkomponenten erweitert werden.

Diesbezüglich verschiebte sich der Fokus von den Brandanforderungen hin zu der Machbarkeit eines endlosfaserverstärkten 3D-Druckprozess. Die Anforderungen an die Faserverstärkung sind analog zu den Kohlenstofffasern, welche heute in der Luftfahrt eingesetzt werden. Materialkennwerte, welche für ein gedrucktes Faserverbundbauteil herangezogen wurden, sind die Faser-Matrix-Haftung (Einfluss der Faserschlichte), mechanische Eigenschaften der Matrix, intrinsische Flammeigenschaften der Matrix und der Temperatureinsatzbereich. Bei der Anforderungsdefinition müssen im Vergleich zur Betrachtung der klassischen faserverstärkten Laminate andere Charakteristiken berücksichtigt werden, da beispielsweise der makroskopische Faservolumengehalt in einem lokal faserverstärkten Bauteil an Aussagekraft verliert. Aus diesem Grund war das Arbeitspaket bzgl. der Anforderungs-ermittlung für FLM-Materialien eng verknüpft mit AP 6.5 Identifikation der Prüferfordernisse und AP 7.2 Designprinzipien und Konstruktion.

Für die FLM Technologie wurden die Basisanforderungen übernommen (siehe Tabelle 3). Weitere Zielwerte u. a. für Filamentdurchmesser, Faservolumengehalt und Feuchtegehalt wurden gemeinsam mit den Projektpartnern erarbeitet. Die Materialanforderungen an das endlosfaserverstärkte Mono-filament für die Demonstratoranlage sind in der unteren Tabelle 4 aufgeführt.

Tabelle 4: Materialanforderungen an das endlosfaserverstärkte Monofilament

#	Eigenschaften	Testmethode	Einheit	Anforderung
1	**Filamenteigenschaften**			
2	Filamentdurchmesser			0,8 mm
3	Faservolumengehalt			30 - 45 %
4	Feuchtigkeitsgehalt nach der Produktion / vor dem 3D-Druck			< 0,02 %
5	Porösität / Hohlraumgehalt			sehr niedrig
6	Rovingdurchmesser /			-
7	**Flammschutzeigenschaften Wanddicke ≥ 1mm (un-)lackiert**			
8	Entflammbarkeit	AITM2-0002A		60 s Flammtest bestehen
9	Rauchdichte	AITM2-0007	-	< 200
10	Toxizität	AITM3-0005	ppm	bestehen
11	**Mechanische Eigenschaften (bei Raumtemperatur)**			
12	Mechanische Eigenschaften müssen diskutiert werden - - > abhängig von definierten Anwendungsfällen			
13	**Thermische Eigenschaften Feuchtigkeit & Dampf**			
14	HDT	ISO75 - 2 1,8 MPa	°C	> 100
15	RTI	UL746B	°C	> 85
16	**Chemische Beständigkeit Feuchtigkeit & Dampf**			
17	Hydrauliköl, Kraftstoffe, Reinigungsmittel, Beschichtungen, Enteisungsflüssigkeiten	ISO175		bestehen

2.1.2 AP 2 Materialentwicklung

- AP 2.1   Materialauswahl und Herstellung des Basismaterials:

Entsprechend dem Anforderungsprofil aus AP1 wurden folgende kommerzielle Referenzmaterialien für die Material- und SLS-/FLM-Prozessentwicklung definiert:

PA 6 Material: Grilon BS V0 (EMS-Chemie), Akulon K225-KS (DSM) und Ultramid C3U (PA 6/PA 66) (BASF).

PA 66 Material: Zytel 103 HSL (Dupont), Zytel FR7026V0F (Dupont), Ultramid A3W (BASF), Durethan A30SFN31(Lanxess).

Grilon BS V0 ist bei Airbus qualifiziert. Akulon (PA 6) und Ultramid C3U(PA 66/6) werden bei Siemens eingesetzt. Akulon K225-KS erfüllt HDT 120. Zytel 103 HSL wird bei Airbus als Material geführt, ist aber kein V0 Material. Zytel 103HSL und Ultramid A3W sind hitzestabilisiert (jeweils mit unterschiedlichen Stabilisatoren), aber ohne Flammschutz versehen.

Von den ausgewählten Materialien wurden jeweils ca. 25 kg Granulat (natur) von Airbus (Grilon BS V0, Zytel 103 HSL und Zytel FR7026V0F) und Siemens (Akulon K225-KS, Ultramid C3U, Ultramid A3W und Durethan A30SFN31) für die Prozessentwicklung bei ROWAK und APMR bereitgestellt. Nach den Material- und Prozessuntersuchungen wurden Materialien für die weitere Pulver- und SLS-Entwicklung ausgewählt.

Für die FLM-Prozessentwicklung, insbesondere für die Herstellung von Composite-Strukturen mit Endlosfasern, wurden zusätzlich intrinsisch flammwidrige PAEK-Materialien festgelegt.

PAEK Material: AvaSpire (Solvay) und Kepstan (Arkema)

Aufgrund der hohen Kosten für den Hochleistungskunststoff PAEK wurde der Fokus bei der Entwicklung des endlosfaserverstärkten Monofilaments auf den PA 6-Typ Grilon BS V0 gelegt, da dieser Kunststoff bei Airbus qualifiziert und deutlich günstiger in der Anschaffung ist.

Bei Siemens wurde ein Flammschutzmittel in PA 6 Materialien eingearbeitet. Die Phosphinate sind bis 350 °C stabil und zersetzen sich bei höheren Temperaturen. Zersetzungsprodukte sollen nicht nur im Rahmen der Flammschutzprüfung / Toxizität-, sondern auch beim SLS-Verfahren mit flamm-geschützten PA 6/PA 66-Materialien untersucht werden.

-   AP 2.2   Charakterisierung der Werkstoffeigenschaften:

Zur Entwicklung der Monofilamente wurden einige der in AP 2.1 genannten Materialien im FIBRE über DSC- und Rheometeruntersuchungen charakterisiert. Die Ergebnisse werden im Weiteren vorgestellt.

2.2a) DSC-Untersuchungen (Gerät: TA Waters, Q 1000)

In der unten aufgeführten Abbildung 6 ist das Diagramm zur DSC-Messung vom 1. Aufheizvorgang und das Abkühlen des PA 6 Granulats Grilon BS V0 abgebildet.

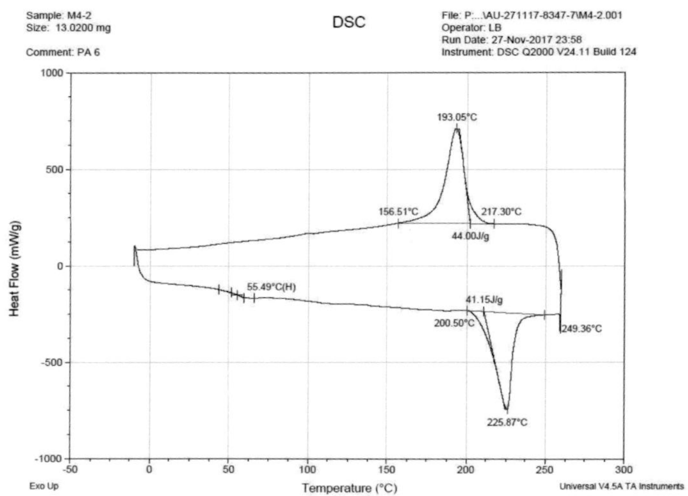

Abbildung 6: DSC-Messung Grilon BS V0 (PA6 Granulat) - 1. Aufheizvorgang und Abkühlung

Als charakteristische Punkte zeigt das obere Diagramm den Glasübergangspunkt bei einer Temperatur von 55,49 °C sowie die Schmelztemperatur bei 225,87 °C während des Aufheizvorgangs. Bei der Abkühlung des Materials verschiebt sich die Temperatur für den Phasenübergang zu einer Temperatur von 193,05 °C. Der 2. Aufheizvorgang ist in der unteren Abbildung 7 dargestellt. Es ist zu erkennen, dass sich die Glasübergangs- und Schmelztemperatur um ca. 1 bis 2 °C zu niedrigeren Werten von 54,20 °C und 223,38 °C verschieben und damit nahezu gleichbleiben.

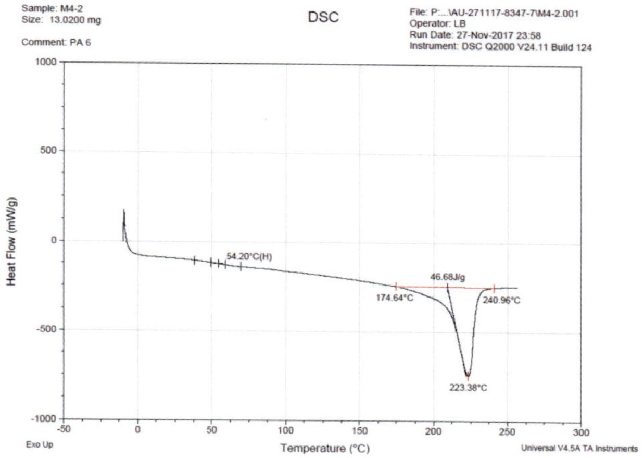

Abbildung 7: DSC-Messung Grilon BS V0 (PA6 Granulat) - 2. Aufheizvorgang

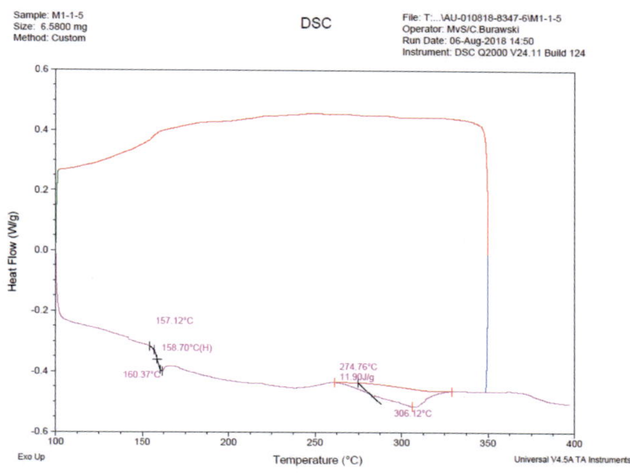

Abbildung 8: DSC-Messung Arkema Kepstan 6002 (PEKK Granulat) - 1. Aufheizvorgang

Das obere Diagramm in Abbildung 8 zum Aufheizvorgang des PEKK Arkema Kepstan 6002 zeigt als charakteristische Punkte den Glasübergangspunkt bei einer Temperatur von 306,12 °C sowie die Schmelztemperatur bei 306,12 °C.

2.2b) Rheometer-Untersuchungen (Gerät: TA Waters, AR2000ex)

Die Rheometrie wurde mit einer 3-fach Bestimmung durchgeführt. Der Messzyklus besteht aus dem Aufheizen bei 240 °C, dem Abkühlen auf 150 °C mit 5 °C/min und dem erneuten Aufheizen bis 300 °C mit 5 °C/min. Als Prüfparameter wurde eine oszillierende Messung bei einer Frequenz von 5 Hz und einer Dehnung von 1% bei einem Spalt zwischen den Rheometerplatten von 1000 μm verwendet. Als Dichte des Materials wurde ein Wert von 1,16 g/cm^3 für das PA 6 Granulat aus dem Datenblatt übernommen.

In der unteren Abbildung 9 ist das Messergebnis der Rheologie des Grilon BS V0 (PA 6 Granulat) aufgeführt. Es werden die Kurven für den Speichermodul G', den Verlustmodul G'' sowie den Verlustfaktor tan d dargestellt. Es ist zu erkennen, dass der Speicher- und Verlustmodul beim Abkühlen bei einer Temperatur ab ca. 210 °C einen großen Anstieg aufweisen und der Verlustfaktor entsprechend abfällt. In diesem Temperaturbereich findet der Phasenübergang von der flüssigen in die feste Phase statt. Beim erneuten Aufheizen verschiebt sich die Temperatur zu einem Wert von ca. 225 °C. Auffällig ist auch, dass die Kurven für den Speicher- und Verlustmodul wieder auf den ursprünglichen Verlauf beim Abkühlvorgang zurückfallen. Dadurch ist die ausbleibende Degradierung des Kunststoffs beim Aufheizen auf 300 °C abzuleiten, da sich der Kurvenverlauf durch geänderte Fließeigenschaften wegen Zersetzungserscheinungen ansonsten geändert haben müsste.

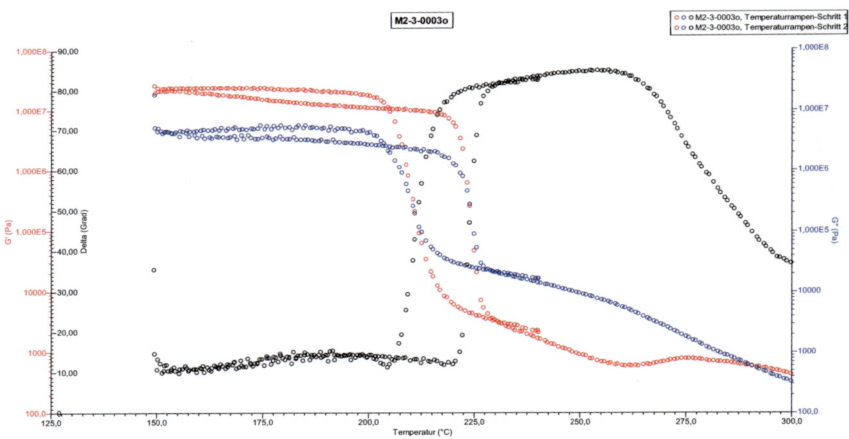

Abbildung 9: Rheologische Untersuchung des Grilon BS V0 (PA6 Granulat)

- AP 2.3   Halbzeugherstellung und Fasereinbringung in die Matrix:

Zusätzlich zu den in AP1 definierten Anforderungen für die FLM Technologie wurde für die zu entwickelnden endlosfaserverstärkten Monofilamente über einen Roving-Rechner die Beziehung zwischen dem Faservolumengehalt und des Durchmessers des Monofilaments bei einer definierten Feinheit des Rovings aufgezeigt. Das zugehörige Diagramm ist in der unteren Abbildung 10 dargestellt. Die Iterationsschritte bei der Prozessentwicklung sind mit Pfeilen gekennzeichnet. Der anzustrebende Zieldurchmesser von 0,8 mm entspricht der Düsenkonfiguration der Demonstratoranlage, mit welchem das hergestellte Monofilament weiterverarbeitet werden soll. Der Zielkorridor für den Faservolumengehalt von 30 bis 45 % soll bei der verwendeten Kombination aus Kunststoff und Roving zu einer entsprechenden mechanischen Festigkeit bei gleichzeitiger Verarbeitbarkeit des Filaments im 3D-Drucker führen, wobei für die Anbindung der einzelnen gedruckten Schichten genügend Schmelze vorhanden sein muss. Die Versuche am FIBRE sind mit dem Kunststoff Grilon BS V0 (PA 6) sowie verschiedenen Rovingtypen (Tenax-E HTA40 E13 3K, Tenax-E HTS45 E23 3K, Tenax-E HTA40 E13 6K, Tenax-E HTS45 P12 6K) durchgeführt worden.

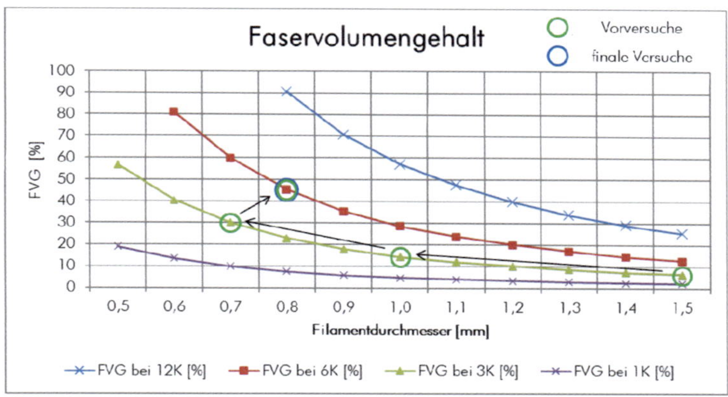

Abbildung 10: Abhängigkeit des Faservolumengehaltes zum verwendeten Roving und Filamentdurchmesser

Zur kontinuierlichen Imprägnierung von CF-Rovingen für die Herstellung von endlosfaserverstärkten Monofilamenten wurden Vorversuche mit einem modifiziertem Spinntester durchgeführt (siehe Abbildung 11). Als Matrix wurde das PA 6 Granulat Ultramid B27 03 (BASF) und als Faser ein 3K Roving mit 200 tex vom Typ Tenax-E HTA40 (Toho Tenax) verwendet. Der Düsendurchmesser betrug 1,5 mm und die Abzugsgeschwindigkeit 2,5 m/min. Die hergestellten Monofilamente wiesen einen Durchmesser von 0,8 mm auf und zeigten eine ungenügende Faserverteilung und trockene Stellen im Faserbereich. Auch eine veränderte Faserführung und unterschiedliche Temperaturen von Extruder und Düse führten zu keiner ausreichenden Verbesserung. Für die weiteren Versuche ist eine neue Anlage mit einem auf den Anwendungsfall ausgelegten Werkzeugkonzept beschafft worden.

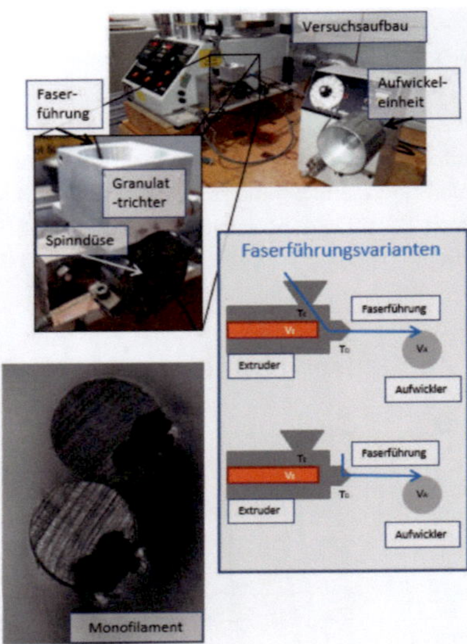

Abbildung 11: Spinntester und imprägnierte Monofilamente

Zur Herstellung der Monofilamente wurde ein Extruder vom Typ E 20 T - H der Fa. Collins mit Schmelzepumpe, Wasserbad und Bandabzug beschafft. Durch die verspätete Lieferung der Anlage im 2. Quartal 2018 ist es zu Verzögerungen in der Versuchsdurchführung gekommen. Die Basiskonfiguration sowie die Anlagenparameter sind in der unteren Abbildung 12 dargestellt.

Anlage zur Herstellung von Monofilamenten:

- Einschneckenextruder:
  - Zylinderdurchmesser: 20 mm
  - Zylinderlänge: 500 mm (25 x D)
  - Heizzonen: 4
  - Temperatur max.: 420 °C
  - Durchsatz max.: 4 kg/h LDPE
- Schmelzepumpe:
  - Kapazität: 1,2 cm³/U
  - Geschwindigkeit max.: 110 rpm
- Kühlzone / Wasserbad
  - Länge: 800 mm
  - Höhe: 200 mm
  - Breite: 200 mm
- Bandabzug:
  - Kontaktlänge: 130 mm
  - Geschwindigkeit max: 18 m/min

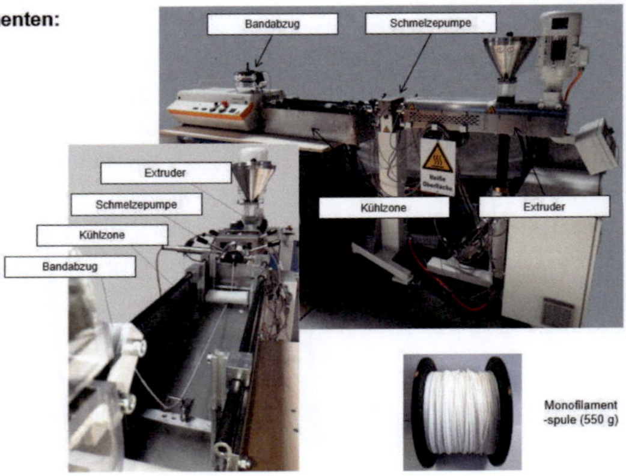

Abbildung 12: Anlage zur Herstellung von unverstärkten Monofilamenten am FIBRE

Die Versuche zum Einfahren der Monofilamentanlage wurden mit unverstärkten Materialien durchgeführt. Als Kunststoffgranulat wurde der PA 6 Typ Grilon BS V0 verwendet. Die Temperaturzonen im Extruder wurden auf 250 °C eingestellt und ein Druck von 50 bar vorgegeben. Die Schmelze wurde von der Schmelzepumpe mit 10 U/min durch eine Düse mit einem Durchmesser von 4 mm gefördert. Der Kunststoffstrang ist durch das auf 21 °C temperierte Wasserbad gezogen worden. Die Abzugsgeschwindigkeit des Bandabzugs wurde dabei soweit reguliert, dass der Durchmesser des Monofilaments 1,75 mm betrug. Das auf eine Spule aufgewickelte Monofilament wurde den Projektpartnern für 3D-Druckversuche zur Verfügung gestellt.

Aus den Erkenntnissen der Vorversuche zur Imprägnierung von CF-Rovings und wurde ein Werkzeugkonzept für den oben beschriebenen Extruder erarbeitet (siehe Abbildung 13).

- Konstruktion des Imprägnierwerkzeugs:
- Mäanderförmige Imprägnierstrecke:
  - Länge: 350 mm
  - Breite: 2 mm
  - Amplitude: ± 4 mm
- Rovingzuführung und -abzug durch Wechseldüse

- Abmaße des Imprägnierwerkzeugs:
  - Länge: 380 mm
  - Breite: 66 mm
  - Höhe: 40 mm

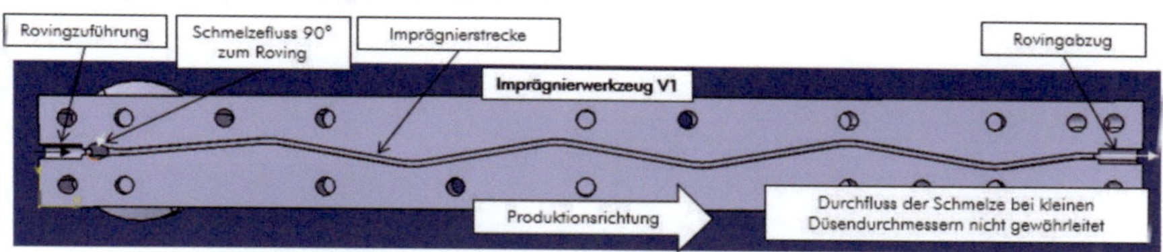

Abbildung 13: Skizze des Imprägnierungswerkzeugs für die Herstellung der endlosfaserverstärkten Monofilamente

Die oben dargestellte Werkzeughälfte des Imprägnierungswerkzeugs weist eine mäanderförmige Imprägnierstrecke auf, über welche der Roving beim Abzug durch das Werkzeug mehrfach umgelenkt wird. Die Kunststoffschmelze wird in 90° Richtung in das Werkzeug eingezogen. Über Wechseldüsen können sowohl der Einlass als auch der Auslass variabel im Durchmesser gestaltet werden. Der zu imprägnierende CF-Roving wird durch die Düsen und die Imprägnierstrecke gefädelt. Anschließend wird die Werkzeughälfte mit einer ebenen Gegenplatte verschraubt und mit einer Heizmanschette versehen. Nach dem Zusammenbau wird das Werkzeug am Extruder befestigt. Der gesamte Versuchsaufbau inklusive einer zusätzlichen Faservorheizung ist in Abbildung 14 abgebildet.

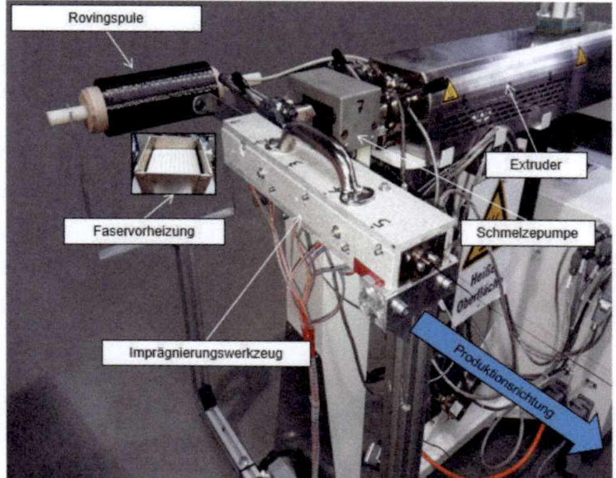

Abbildung 14: Versuchsaufbau am Extruder mit Imprägnierwerkzeug

Für die Herstellung des endlosfaserverstärkten Monofilaments wurde eine Parameterstudie durchgeführt, um den Prozess an die Werkzeugform anzupassen. Schwierigkeiten zeigten sich im Handling der trocken zugeführten Fasern. Die Faserführung wurde iterativ verbessert, sodass die Fasern im Fertigungsprozess nicht beschädigt werden. Zur Verbesserung der Imprägnierung wurde zudem die oben erwähnte Faservorwärmung installiert. Die Untersuchungen haben einen positiven Effekt der thermischen Vorbehandlung auf das Imprägnierungsverhalten der Fasern gezeigt. Problematisch ist das Faserhandling im Imprägnierprozess. Durch auftretende Faserbeschädigungen im Werkzeug durch Druckspitzen aufgrund der geringen Düsenquerschnitte wird die Prozessstabilität massiv gesenkt. Mit dem dargestellten Imprägnierwerkzeug war es nicht möglich, kontinuierlich Druckfilament ohne Beschädigungen herzustellen. Zur Lösung der Problematik wurde ein modifiziertes Werkzeugkonzept erarbeitet und gefertigt (siehe Abbildung 15). Aufgrund der erneuten Werkzeuglieferzeiten und notwendigen Versuchsiterationen konnten erste hergestellte Filament-materialien den Partnern erst verspätet ab Ende des ersten Quartals 2020 zur Verfügung gestellt werden.

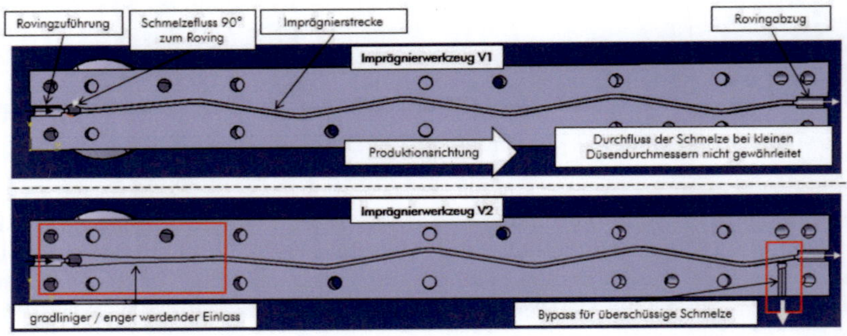

Abbildung 15: Vergleich der Imprägnierungswerkzeuge

Die Modifikation des Werkzeugkonzeptes betrifft den Einlass, welcher gradliniger und enger werdend ausgeführt wurde. Dies soll dem Roving und der Schmelze in diesem Bereich mehr Raum geben, um die Schmelze am Beginn besser um den Roving zu verteilen. Nahe dem Auslass ist ein zusätzlicher Kanal eingebracht worden, welcher mittels einer Schraube auch wieder geschlossen werden kann. Dieser Bypass dient zur Regulierung der Druckanstiege im Werkzeug. Die überschüssige Schmelze fließt auf diese Weise separat ab. Langsamer Schmelze einzufördern ist hier nicht möglich, da das Material ansonsten zu lange im Extruder verbleibt und eine Degradation des Kunststoffs einsetzt.

Neben dem verbesserten Werkzeugkonzept wurde die Peripherie an der Monofilamentanlage erweitert, um den Prozess stabiler zu gestalten und die Qualität des hergestellten Monofilaments zu steigern. Der skizzierte Versuchsaufbau ist in der unteren Abbildung 16 dargestellt (Seitenansicht ohne Extruder).

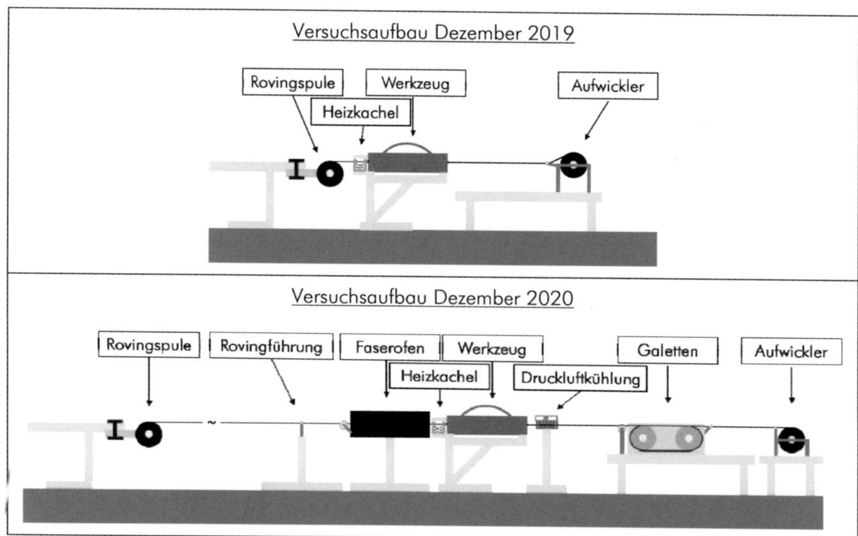

Abbildung 16: Evolution des Versuchsaufbaus zur Herstellung endlosfaserverstärkter Monofilamente

Durch die verlängerte Abwicklung der Rovingspule im optimierten Versuchsaufbau wird der Verdrillung des Rovings auf der Spule und den großen Winkelsprüngen beim Einlauf des Rovings von der Spule in die Werkzeugführung entgegengewirkt. Der integrierte Faserofen verbessert die Vorwärmung des Rovings. Dies führt zu einer gesteigerten Imprägnierung der Einzelfilamente, da ein vergleichsweise kalter Roving die Schmelze zu sehr abkühlen könnte. Außerdem wurde über der Heizkachel eine zusätzliche Spreizvorrichtung integriert, welche die Filamente des Rovings für eine gesteigerte Durchtränkungsmöglichkeit separiert. Die Druckluftkühlung am Werkzeugauslass dient dazu, die runde Form des austretenden Monofilaments durch eine schnelle Abkühlung zu konservieren. Durch die Galetten ist ein gleichmäßiger Abzug des Monofilaments gewährleistet.

Einige Verbesserungen werden in der unteren Abbildung 17 gezeigt. Daneben wurden weitere Anpassungen getestet, welche keinen positiven Effekt aufwiesen. Hier ist die mehrfache Umlenkung am Abwickler zu nennen, welche zu hohe Fadenspannungen erzeugt hat. Die Verwendung eines Rovings mit einer für Thermoplasten geeigneten Schlichte musste aufgrund des starken Ausfaserns und einer großen Tendenz zu Rovingabrissen durch Aufstauen der Filamente wieder verworfen werden. Letzteres ist auch mit allen Rovingtypen bei einer Dosiernadel aufgetreten, welche als zusätzliche Einlasshilfe ins Werkzeug dienen sollte.

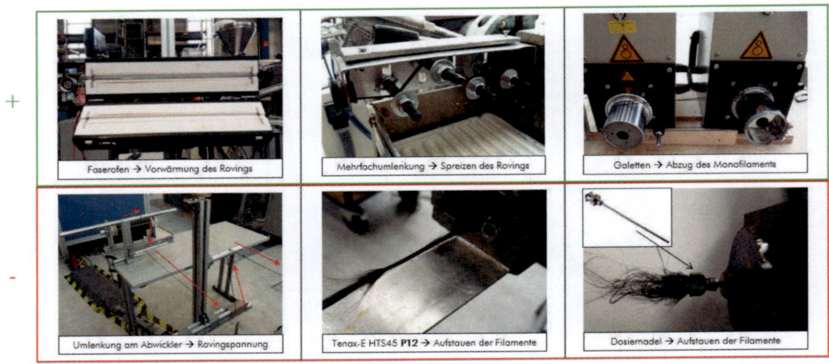

Abbildung 17: Optimierung des Fertigungsprozesses (Pro / Contra)

Durch die Optimierungen des Imprägnierwerkzeugs sowie der Anlagenperipherie konnte die Prozessstabilität massiv erhöht und damit kontinuierlich Monofilament hergestellt werden. Außerdem sind die hierfür Temperaturen im Extruder und Werkzeug angepasst worden. Dabei werden Temperaturgradienten in den Einzelzonen von 235 °C bis 270 °C (Extruder) und 300 °C bis 270 °C (Werkzeug) vorgegeben, um den PA 6 Typ in der passenden Viskosität zu halten ohne eine Material-schädigung zu erzeugen. Die optimierten Probenchargen endlosfaserverstärkter Druckfilamente wurden den Projektpartnern für 3D-Drucktests auf der gemeinschaftlich entwickelten 3D-Druck-anlage geliefert.

In der unteren Abbildung 18 sind Schliffbilder der endlosfaserverstärkten Monofilamente dargestellt. Es ist zu erkennen, dass die Spreizung des Rovings zu einer deutlich homogeneren Verteilung der Einzelfilamente geführt hat. Durch die weiteren Prozessanpassungen konnte zudem ein deutlich runderes Filament mit einer geringeren Anzahl von Fehlstellen erzielt werden.

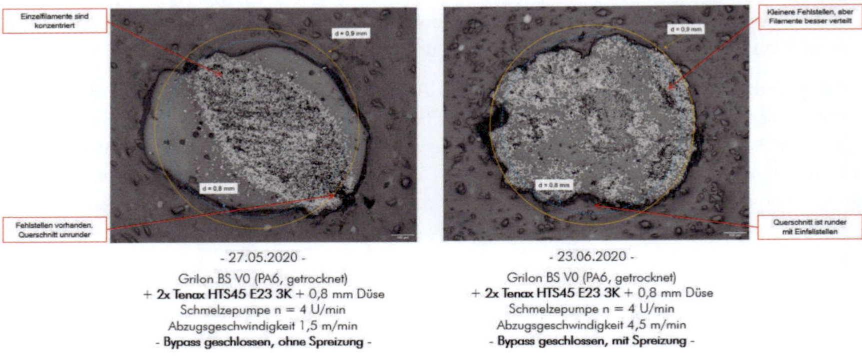

Abbildung 18: Schliffbilder der endlosfaserverstärkten Monofilamente (ohne und mit Roving-Spreizung)

Über Aufnahmen im Rasterelektronenmikroskop (REM) kann die äußere Beschaffenheit des endlos-faserverstärkten Monofilaments dargestellt werden. Eine beispielhafte REM-Aufnahme zeigt die untere Abbildung 19. Es wird deutlich, dass es keine durchgängige äußere Hülle der Kunststoffmatrix um das Monofilament gibt. Die imprägnierten Einzelfilamente des Rovings sind weiterhin zu erkennen. Im Prozess werden die einzelnen Filamente auch nach außen gedrückt und nicht in der Mitte konzentriert, um die Imprägnierung besser gewährleisten zu können.

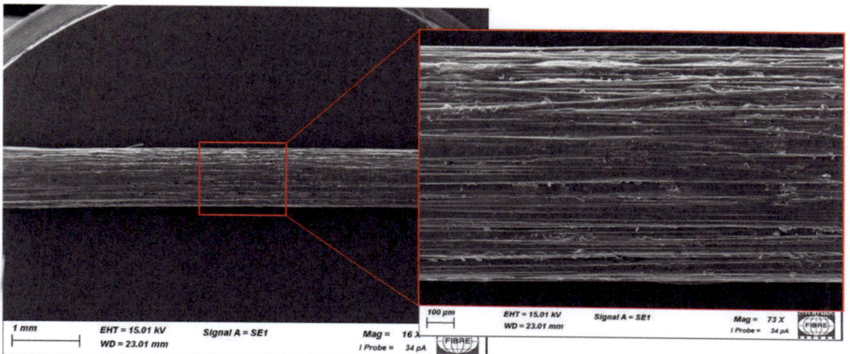

Abbildung 19: REM-Aufnahme des endlosfaserverstärkten Monofilaments (6K-Roving + PA 6 Grilon BS V0)

Des Weiteren wurden laboranalytische Messungen des Faservolumen- und Porengehalts der gefertigten endlosfaserverstärkten Monofilamente über ein nasschemisches Verfahren durchgeführt. Dabei sind unter Verwendung des vorgestellten optimierten Anlageaufbaus aus sieben Fertigungschargen jeweils drei Segmente der CF-PA 6-Monofilamente entnommen worden. Die zusammengefassten Ergebnisse sind in der unteren Abbildung 20 dargestellt. Es ist zu erkennen, dass der gemittelte FVG 44,3 % ± 2,6 % und der Porengehalt 2,7 % ± 0,7 % beträgt. Die in Kapitel 2.1.1 vorgestellten Materialanforderungen werden bzgl. des FVG (35 bis 45 %) erreicht und entsprechen den theoretisch hergeleiteten Werten für den FVG in Abbildung 10. Der vorgegebene Porengehalt ist in den Materialanforderungen ohne festen definierten Wert als „sehr niedrig" angegeben. Um den Porengehalt weiter zu senken, ist die Spreizung der Rovinge sowie der Werkzeugeinlass hinsichtlich einer Verbreiterung für einen verbesserten Einlauf der gespreizten Rovinge weiter zu optimieren. Die Materialanforderung zum Durchmesser des Monofilaments wurde während der Versuche punktuell mittels mechanischem Messschieber bzw. im Nachgang über die angefertigten Schliffbilder (siehe Abbildung 18) überprüft. Während die mechanische Messung nur eine grobe Aussage zulässt, sind über die Schliffbilder genauere Werte zu ermitteln. Dabei zeigt sich, dass die Werte für den Durchmesser zwischen ca. 0,7 und 0,9 mm um die Vorgabe von 0,8 mm schwanken und der runde Querschnitt teilweise Einfallstellen aufweist. Um in den Prozess eingreifen und den Durchmesser anpassen zu können, sollte in zukünftigen Projekten eine Messsensorik beschafft werden, welche die Messwerte während der Herstellung direkt am imprägnierten Monofilament aufnehmen und auf einem Anzeigegerät an der Anlage darstellen kann.

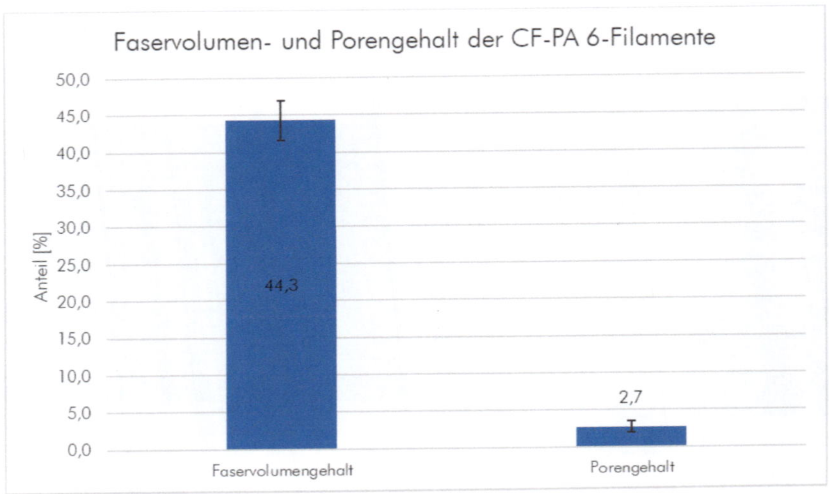

Abbildung 20: Faservolumen- und Porengehalte der hergestellten CF-PA6-Filamente

Die ersten Batches des produzierten CF-PA 6-Monofilaments wurden den Projektpartnern für 3D-Druckversuche an der Demonstratoranlage zur Verfügung gestellt. Die Druckergebnisse sind in Kapitel 2.1.8 aufgeführt. Durch Einschränkungen bei den Projektpartnern durch die COVID19-Pandemie konnten keine weiteren 3D-Druckversuche mit den optimierten endlosfaserverstärkten Monofilamenten durchgeführt werden. Das FIBRE hat die Herstellung der CF-PA 6-Monofilamente bis Projektende in verstärkten Versuchsaktivitäten weiter optimiert und die Ergebnisse über die Anfertigung von Schliffbildern validiert. Auf diese Weise konnten wertvolle Erkenntnisse für die Verwertung der Projektergebnisse in Folgeprojekten gesammelt werden.

2.1.3 AP 3 Lasersintern: Pulvererzeugung und -charakterisierung

Die Entwicklungen und Untersuchungen zur Pulvererzeugung und -charakterisierung im Bereich des Lasersinterns sind ausschließlich bei den Partnern im Projektkonsortium erfolgt. Das Faserinstitut hat die Projektpartner vereinzelnd mit laboranalytischen Untersuchungen z. B. zum rheologischen Verhalten der Pulvermaterialien unterstützt. Die Ergebnisse sind in den Berichten der einzelnen Projektpartner aufgeführt.

2.1.4 AP 4 Lasersintern: Anpassung der Anlagentechnik

Die Anpassungen der Anlagentechnik im Bereich des Lasersinterns sind ausschließlich bei den Partnern im Projektkonsortium erfolgt. Die Ergebnisse sind in den Berichten der einzelnen Projektpartner aufgeführt.

2.1.5 AP 5 Lasersintern: Untersuchung der Verarbeitungseigenschaften

Die Untersuchungen der Verarbeitungseigenschaften im Bereich des Lasersinterns sind ausschließlich bei den Partnern im Projektkonsortium erfolgt. Die Ergebnisse sind in den Berichten der einzelnen Projektpartner aufgeführt.

2.1.6 AP 6 FLM: Prozessentwicklung und Demonstratoranlage

- AP 6.1   Evaluierung der Wirkprinzipien und Prozessauswahl:

In Workshops mit dem CTC, VEW und FIBRE zu den Themen Wirkprinzip und Prozessspezifikation zur FDM-Prozessentwicklung sind die Koordinierung der Arbeiten zwischen den Partner sowie die Anforderungsdefinition abgeschlossen worden. Eine Prozess- und Druckkopfspezifikation wurde erstellt. Die Festlegung der primären Wirkprinzipien bzgl. der Materialförderung, Materialführung, Halbzeugverwendung, elektronische und steuerungstechnische Schnittstellen, Materialschnitt und sekundäre Add-ons wurde mit Hilfe eines morphologischen Kastens durchgeführt. Ein Auszug ist in der unteren Abbildung 21 dargestellt.

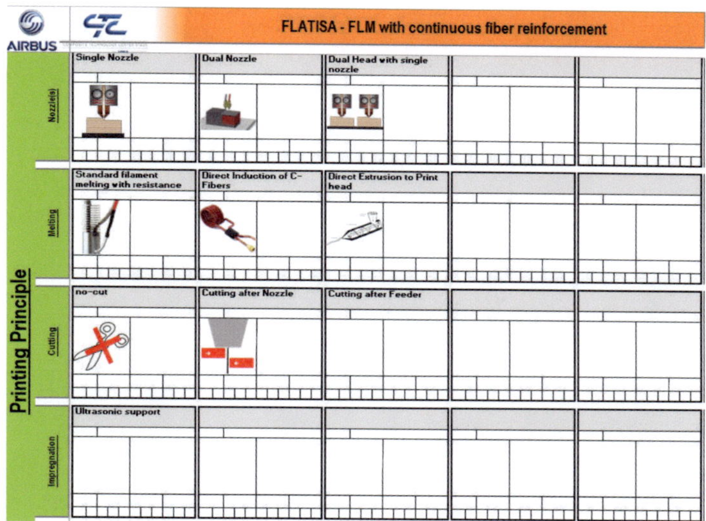

Abbildung 21: Auszug des morphologischen Kastens zum endlosfaserverstärkten 3D-Druck

Die Implementierung des Faserdruckkopfes von VEW erfolgte für den ersten Versuchsaufbau am FIBRE und im weiteren Projektverlauf an der Demonstratoranlage am CTC. Eine der ersten Fragestellungen betraf das Schneiden des kontinuierlich verstärkten Filaments. Hierzu wurden am FIBRE Schnittversuche mit verschiedenen Methoden durchgeführt. Das Versuchsprogramm ist in der unteren Abbildung 22 aufgeführt.

Schnittversuche mit folgenden Werkzeugen:
- Hand
- Cuttermesser
- Rollmesser
- Elektroschere
- Schere
- Seitenschneider
- Messerklinge

Unterschiedliche Schnittunterlagen:
- Glasplatte
- Elastomer-Platte (65 Sh)

Unterschiedliche Positionierung der Klinge zum Monofilament:
- 30°
- 45°
- 60°
- 90°

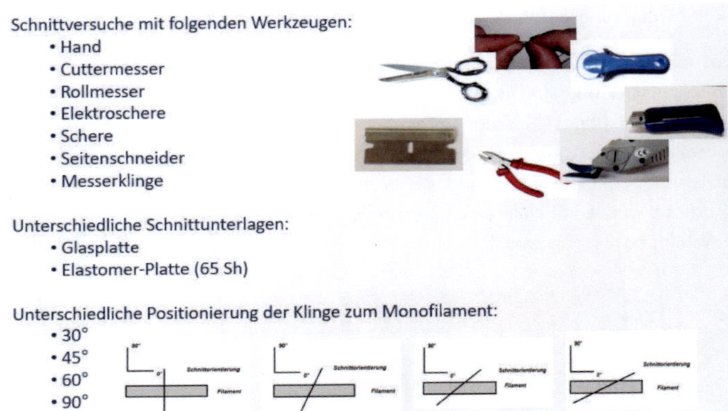

Abbildung 22: Versuchsprogramm bzgl. Schneiden eines endlosfaserverstärkten Monofilaments

Als Ergebnis kann festgehalten werden, dass je steiler der Schnittwinkel ist, desto besser ist auch die Schnittqualität. Dabei wird jedoch ein größerer Hub benötigt, da die Schnittfläche vergrößert wird. Der Verschleiß der Klinge ist recht hoch. Ein optimales Konzept für die Führung und den Wechsel der Klinge wurde diskutiert. Dabei entstand der Ansatz eines Bandsystems, um nach jedem erfolgten Schnitt einen neuen Klingenbereich nutzen zu können. Ein schräges und geführtes Schlagen der Klinge ist tendenziell am vielversprechendsten. Die untere Abbildung 23 zeigt beispielhaft ein Versuchsergebnis der durchgeführten Schnittuntersuchungen.

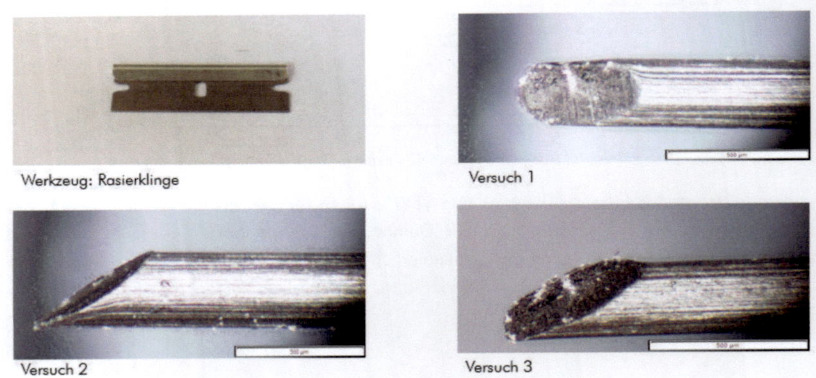

Abbildung 23: Schnittversuch mit Rasierklinge unter 30° auf einer Glasscheibe

- AP 6.2   Kinematik und Anlagensteuerung:

Hervorgehend aus den in AP 6.1 definierten Wirkprinzipien und der abgeleiteten Prozessspezifikation ist eine 3D-Druck-Roboterzelle im FIBRE aufgebaut worden, in welche die kinematischen Anforderungen in die Anlagensteuerung implementiert worden sind. Für die Umsetzung ist der von VEW entwickelte Druckkopf an einem Knickarmroboter angebracht worden. Die Heizung der Druckdüse erfolgt über einen PID-Regler. Das Druckbett ist mit einer Glasscheibe versehen, welches sich auf ca. 350 °C beheizen lässt. Als Testmaterial ist das kommerziell erhältliche endlosfaserverstärkte CF-Druckfilament der Fa. Markforged mit einem Durchmesser von

0,4 mm verwendet worden. Der beschriebene Versuchsaufbau ist in der unteren Abbildung 24 abgebildet.

Versuchsaufbau

- Kinematik:
    - Knickarmroboter

- Druckbett:
    - Glasscheibe
    - Beheizbar bis ca. 350 °C

- Druckdüse:
    - Heizung durch PID-Regler
    - Düse Eigenentwicklung VEW

- Material:
    - CF-Markforged
    - (d = 0,4 mm)

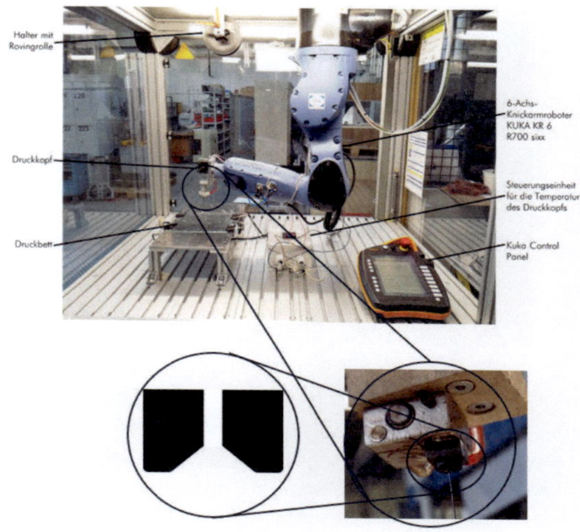

Abbildung 24: Versuchsaufbau der 3D-Druck Roboterzelle am FIBRE

- AP 6.3   Pfadgenerierung und Ablegestrategie:

Für die Pfadgenerierung und Ablegestrategie sind für das Ablegen der Einzelbahn (1D), das Ablegen einer Kurve (2D) und die Erstellung eines Schichtaufbaus (2,5D) die in der unteren Tabelle 5 auf-geführten Parameter als entscheidend für die Kinematik im 3D-Druckprozess identifiziert worden.

Tabelle 5: Entscheidende Parameter für die Umsetzung der Pfadgenerierung und Ablegestrategie

1D - Ablegen einer Einzelbahn	2D - Ablegen einer Kurve	2,5D - Erstellung Schichtaufbau
Geschwindigkeit Druckkopf	Kurvenradien	Lagensprung
Geschwindigkeit Vorschub	Kurvengeschwindigkeiten	Lagendicke
Temperatur Düse	Bahnabstand in Fläche	Lagenorientierung
Temperatur Druckbett		
Lagendicke		

Im ersten Schritt wurden am FIBRE Testkörper unterschiedlicher Kurvenradien mit der in AP 6.2 dargestellten 3D-Druck Roboterzelle gefertigt und die Druckqualität bewertet. Die untere Abbildung 25 zeigt die Ergebnisse der Druckversuche bei unterschiedlichen Kurvenradien bei einem Winkel von 90°. Es kann festgehalten werden, dass bei Radien größer als 4 mm keine Beeinträchtigungen entstehen. Bei Radien kleiner als 4 mm treten Matrixrückstände am Kurvenäußeren und Faserverschiebungen auf, welche mit sinkendem Radius zunehmen. Werden Radien kleiner als 1 mm gedruckt, ergeben sich deutliche Abweichungen zur vorgegebenen Geometrie.

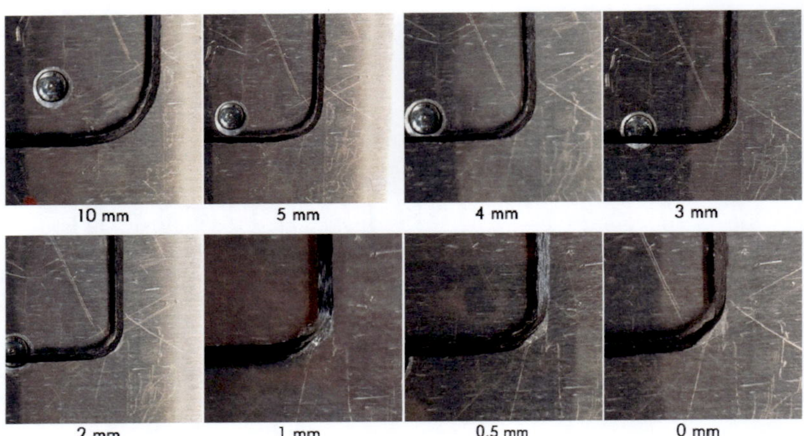

Abbildung 25: 3D-Druckversuche mit unterschiedlichen Kurvenradien bei einem Winkel von 90°

Die untere Abbildung 26 gibt die Ergebnisse der Prüfköper wieder, welche mit unterschiedlichen Radien bei einem Winkel von 180° gedruckt worden sind. Bei Radien größer als 4 mm entstehen wieder keine Beeinträchtigungen im 3D-Druck. Ebenso treten bei Radien kleiner als 4 mm wieder Matrixrückstände am Kurvenäußeren und Faserverschiebungen auf, welche mit sinkendem Radius zunehmen. Bei Radien kleiner als 2 mm klappen die Rovinge zusätzlich zu den auftretenden Geometrieabweichungen um. Wird der Radius auf 0 mm abgesenkt, ist das vollständige Abscheren des Filaments zu erkennen.

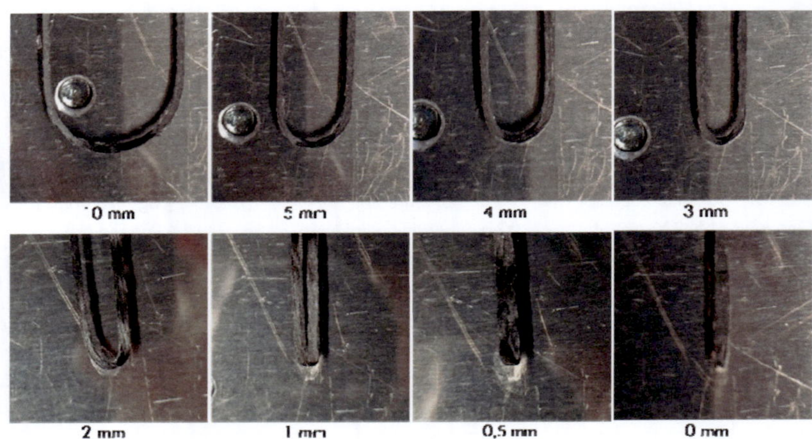

Abbildung 26: 3D-Druckversuche mit unterschiedlichen Kurvenradien bei einem Winkel von 180°

Des Weiteren wurden die Auswirkungen von verschiedenen Bahnabständen während des 3D-Druckvorgangs evaluiert. Die unten aufgeführte Abbildung 27 zeigt die Prüfkörper der entsprechenden 3D-Druckversuche. Bei Bahnabständen größer als 1 mm berühren sich die Filamente nicht. Sinkt dieser Wert auf bis zu 0,75 mm, ergibt sich eine partielle Berührung der Filamente. Bei Bahnabständen von bis zu 0,5 mm berühren sich die Filamente vollständig. Sinkt dieser Wert weiter, ergeben sich deutliche Verformungen der Druckbahnen.

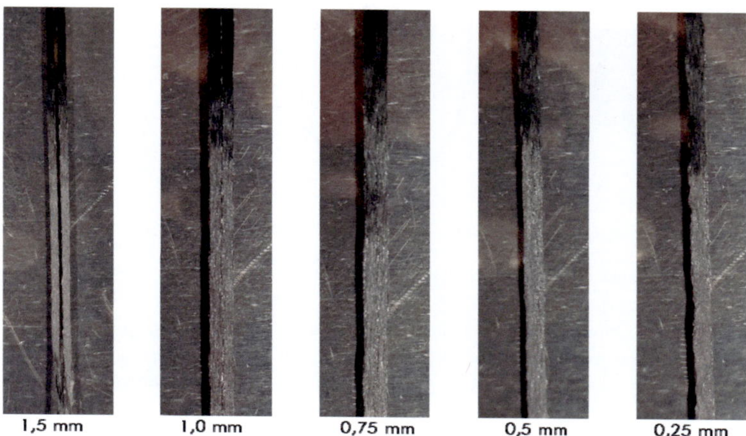

Abbildung 27: 3D-Druckversuche mit verschiedenen Bahnabständen

Zur Bewertung der Flächenfüllung sind Testcoupons in der Dimension von 50 x 50 mm gedruckt worden (siehe Abbildung 28). Die geraden Bereiche konnten ohne Fehlstellen gedruckt werden. In den Kurvenbereichen treten hingegen sichelförmige Lücken und Faserondulationen auf. Eine vollständige Schließung der Druckbahnen führt zu einer Aufdickung der Schicht und Faserbeschädigungen durch die Druckdüse.

Abbildung 28: Testcoupon für 3D-Druckversuche zur Flächenfüllung

Außerdem sind mikroskopische Untersuchungen zu den Probekörpern durchgeführt worden, welche von der Roboterzelle am FIBRE im 3D-Druckverfahren hergestellt worden sind. In der unteren Abbildung 29 ist eine untersuchte gedruckte Schlaufe (Breite: 1 Lage, Höhe: 76 Lagen) dargestellt.

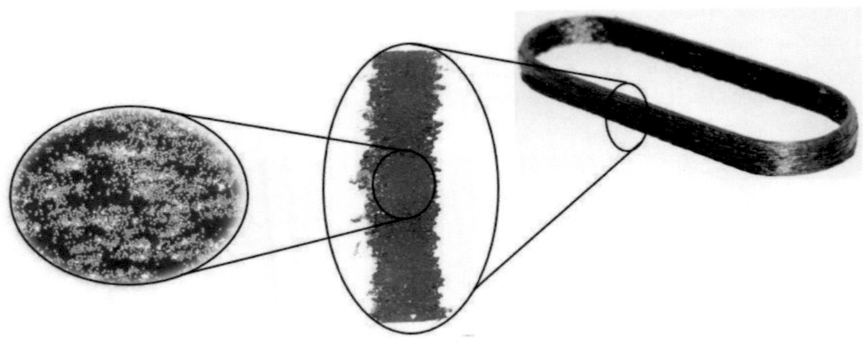

Abbildung 29: Mikroskopische Untersuchung einer gedruckten Schlaufe (Breite: 1 Lage, Höhe: 76 Lagen)

Die Trennebenen zwischen den Schichten sind bei der gedruckten Schlaufe nicht sichtbar. Ferner ist das Material homogen über den Querschnitt verteilt. Es sind nur geringe Faserbeschädigung erkennbar. Dabei sind die Einzelfilamente entsprechend der vorgegebenen Druckbahn ausgerichtet. Ein weiterer Probekörper in Form einer Schlaufe mit geändertem Schichtaufbau (Breite: 4 Lagen, Höhe: 15 Lagen) weist ein ähnliches Bild auf (siehe Abbildung 30). Hier sind zusätzlich die Fehlstellen in den Kurvenbereichen auffällig.

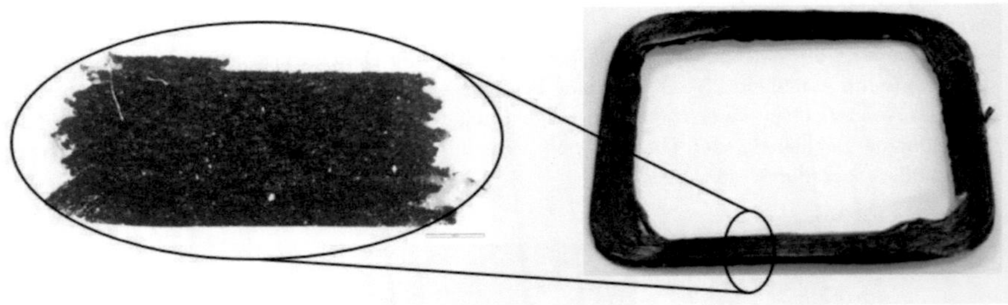

Abbildung 30: Mikroskopische Untersuchung einer gedruckten Schlaufe (Breite: 4 Lagen, Höhe: 15 Lagen)

- AP 6.4   Industrielles Konzept und Aufbau der Demonstratoranlage:

Die Demonstratoranlage ist am CTC in Stade finalisiert worden und baut auf den Erkenntnissen aus den Arbeitspaketen 6.1, 6.2 und 6.3 des FIBRE auf. Die Anlage ist in der unteren Abbildung 31 dargestellt. Der 3D-Druck findet auf einer Plattform statt, welche eben sein oder gekrümmte Strukturen aufweisen kann. Das Druckvolumen entspricht den Dimensionen 1 m x 1 m x 1 m. Es können Filamente mit den Durchmessern von 1,75 mm, 2,85 mm und 3 mm (reines Kunststoff-filament) und 0,8 mm (CF-verstärkte Filamente) mit dem entwickelten Druckkopf verwendet werden. Dabei kann ein Temperaturbereich von 23 °C bis zu 500 °C abgebildet werden.

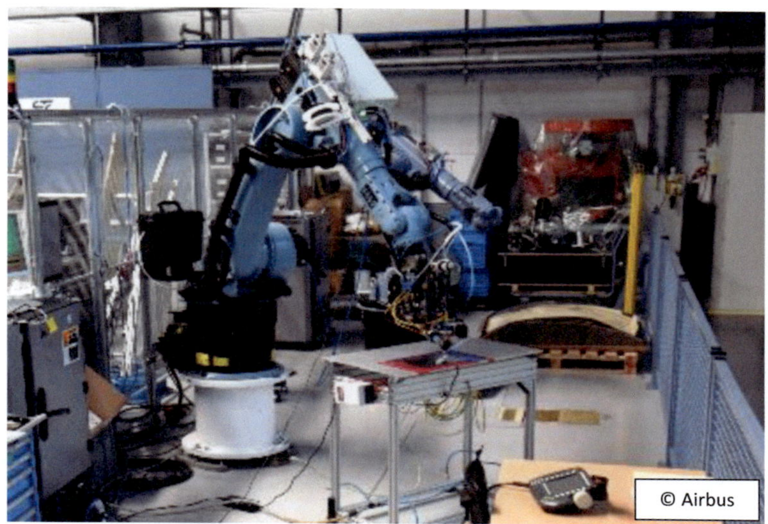

Abbildung 31: Demonstratoranlage für die 3D-Druckversuche (CTC GmbH in Stade)

- **AP 6.5**   Qualitätssicherungskonzept:

In einem Workshop mit dem Projektpartnern Airbus, CTC, FIBRE und VEW ist die „FLM / FCM defect map" erstellt worden. Diese Liste beinhaltet und beschreibt potentielle Fehlstellen, welche im 3D-Druckprozess mit und ohne Faserverstärkung auftreten können. Außerdem werden Sensoren für die Prozessüberwachung dieser Fehlstellen aufgelistet. Das Materialverhalten sowie die Prozessparameter beim 3D-Druck sind Einflüsse für eine Sensorspezifikation. Ein Auszug aus der „FLM / FCM defect map" ist in der unteren Abbildung 32 dargestellt.

Defect - short title	Definiton	Picture	Generic Reason / Cause	MECHANICAL PROPERTIES	MATERIAL BEHAVIOR	PART GEOMETRY
Inhomogeneous polymer crystallinity	Locally changed crystallinity in SC TP		Crystallinity of SC TP is directly influenced by the temperature / time dependency - locally different cooling phases e.g. at sharp edges (short cooling) or small print areas (high heat) change the morphology	High crystallinity -> Increased Strength/Modulus/Strain in XYY Reduced brittleness / There is an E @ > Tg Locally effects as crack initiator?	High crystallinity -> Increased density Improved media resistance Locally effects as weak spot?	Shrink induced warping
Degraded / changed material	Globally degraded polymer material due to too high temperature dose / environment		Polymers degrade at too high temperatures and e.g. reactive atmosphere e.g. PEEK at ca. > 500° C - time, temperature, environment, pressure dependant	Reduced strength/modulus/Strain in XYY brittleness Increased E > Tm (aging)	Increase of Tg Nonmeltable anymore! Fiber matrix adhesion Color change Reduced aging capacity	Surface roughness (in some cases)
Impurities / foreign particles	Locally impurities		Can be based on many reasons like foreign particles (machine debris) or in-process products like degraded polymer at nozzle	Reduced strength/Strain in XYY Crack initiation	-	Locally effects
Material contamination	Contamination of polymer / fiber material during process chain		Storage of filament / pellets, FLM/FCM process, handling, cleaning, finishing - long process chain with lots of options to contamine the parts	Strong mechanical dependency of absorbed media	Type of polymer Additive type / cotent	Swelling Form effetes of foreign particles
Ply delamination	Delaimantion / crack in-between prtinted plies during or after the printing process		Weak interply strength combined with high process/material induced stresses --> interply failure	Failed part! Reduced bending/shear	Ingress of foreign media into material	Increased deformations thinkable
Micro-waviness fibers	Locally undulated or wavy single-filaments with amplitude < print filament diameter		Undulated single filaments caused by unequal fiber length already in filament or during process (curves, edges).	Reduced strength/modulus II to fiber-direction	Influenced CTE?	-
Fiber path misalignment	Locally misaligned fiber-paths with deviations > filament diameter		Unexpected fiber paths misalignment driven by inaccurate printing process e.g. at radii/edges, motion control issues, foreign objects, inaccurate start/end, missing ply, ..	Reduced strength/modulus II to fiber-direction	-	Warping
Missing fibers	Missing fiber reinforcement		Missing fiber reinforcement caused by feeder issues, raw material quality issues, inaccurate start / end point	Reduced strength/modulus II to fiber-direction	-	Warping

Abbildung 32: Auszug aus der „FLM / FCM defect map" für den 3D-Druckprozess

Des Weiteren konnte das FIBRE die Erfahrungen zu Thermografieaufnahmen des 3D-Druckprozesses einbringen. Eine solche Prozesskontrolle mittels Thermographie stellt eine Möglichkeit dar, die Temperaturen an den Anlagenkomponenten zu überwachen. Ein Beispiel für die Überwachung der Druckdüsen ist in der unteren Abbildung 33 aufgeführt. Als Herausforderungen ist dabei die Zugänglichkeit des Messsystems zum Druckraum zu nennen, welche bei der Konstruktion berücksichtigt werden muss. Die Fokussierung auf die relevanten Bereiche ist zu ermöglichen. Außerdem kann es an ungeeigneten Oberflächen zu Spiegelungen kommen.

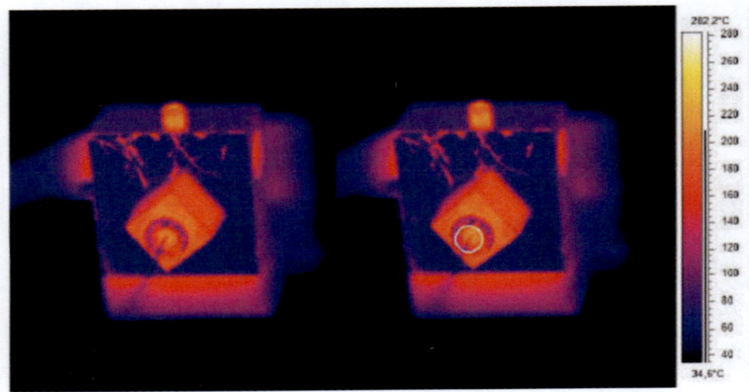

Abbildung 33: Thermographieaufnahme der Druckdüsen währen des 3D-Druckprozesses

Im weiteren Verlauf des Projekts ist bei den Projektpartnern die Darstellung der Einzelbausteine der Qualitätssicherung vorangetrieben worden (bspw. Sensorik und Konzept). Bei VEW ist die Bewertung von Technologien zur Prozessüberwachung durchgeführt worden. Die Eignung zur Implementierung in online Prozessüberwachung wurde geprüft. Daraus aufbauend ist bei VEW die Erprobung eines Laserschnittsensors mit blauem Laserlicht erfolgt. Der Sensor bietet die Möglichkeit, am 3D-Druckkopf online die Oberfläche des 3D-Druckbauteils bei typischen Prozessgeschwindigkeiten zu scannen und Abweichungen in der Geometrie zu bestimmen. Die vollständige Integration in die Demonstratoranlage konnte zu Projektende zeitlich nicht mehr realisiert werden.

Für das Konzept der Qualitätssicherung sind die bzgl. der Bauteilqualität entscheidenden Parameter sowohl beim Endlosfaser-3D-Druck als auch bei der Herstellung der endlosfaserverstärkten 3D-Druckfilamente identifiziert worden (siehe Tabelle 6 & Tabelle 7).

Tabelle 6: Parameter für die Qualitätssicherung bzgl. des Druckprozesses mittels FCM-Roboter

Nr.	Parameter	Bemerkung
1	Düsentemperatur	eingestellter Wert, visuell geprüft auf dem Display des PID-Reglers
2	Druckbetttemperatur	
3	Druckraumtemperatur	
4	Druckgeschwindigkeit	Messung dieser Werte über zusätzliche Sensoren oder optische Verfahren notwendig
5	Schichthöhe	
6	Drucklinienbreite	
7	Extrusion (prozentual zur Drehzahl der Vorschubeinheit)	
8	Aktive Kühlung / Kühlrate	

Die in Tabelle 6 aufgeführten Parameter wurden zu Beginn des Druckprozesses bzw. in der Slicer-Software auf einen Wert gesetzt und durch visuelle Kontrolle "überwacht". Für die Messung einiger Werte wie z. B. der tatsächlichen Schichthöhe sind zusätzliche Sensoren oder optische Verfahren in das Anlagensystem zu integrieren.

Tabelle 7: Parameter für die Qualitätssicherung bzgl. des Herstellungsprozesses für endlosfaserverstärkte 3D-Druckfilamente

Nr.	Parameter	Bemerkung
1	Extrudertemperatur (9 Heizzonen)	Sollwert, visuell am Display überprüft (+ Warngrenzen)
2	Werkzeugtemperatur (6 Heizzonen)	
3	Temperatur Faservorheizung (1 Heizzone)	
4	Druck Extruder	
5	Drehzahl Schmelzepumpe	
6	Drehzahl Extruder	gekoppelt über Druckregelung
7	Abzugsgeschwindigkeit	Messung dieser Werte über zusätzliche Sensoren
8	Filamentdurchmesser und -ovalität	

Die in Tabelle 7 aufgeführten Parameter wurden zu Beginn des Herstellungsprozesses für endlosfaserverstärkte 3D-Druckfilamente auf einen Wert gesetzt und durch visuelle Kontrolle "überwacht". Für die Messung einiger Werte wie z. B. des Filamentdurchmessers sind zusätzliche Sensoren zu integrieren. Bisher wurde dieser Parameter mittels Messschieber bzw. im Labor über Schliffbilder bestimmt. Für Folgeprojekte ist für die inline-Messung ein laserbasiertes Durchmesserprüfgerät eingeplant worden.

2.1.7   AP 7 Validierung und Verifizierung

Die Validierung und Verifizierung der Ergebnisse aus den vorangehenden Arbeitspaketen sind ausschließlich bei den Partnern im Projektkonsortium erfolgt. Die Ergebnisse sind in den Berichten der einzelnen Projektpartner aufgeführt.

2.1.8   AP 8 Prüfung von Bauteilen und Probekörpern

-   AP 8.1   Ermittlung der mechanischen und qualitativen Material- und Bauteileigenschaften:

Die ersten Batches des produzierten CF-PA 6-Monofilaments wurden den Projektpartnern für 3D-Druckversuche an der CTC GmbH (Stade) zur Verfügung gestellt. An der Demonstratoranlage (siehe Kapitel 2.1.6) wurden Prüfkörper für die qualitativen und mechanischen Materialuntersuchungen angefertigt. Diese Prüfkörper mit den Abmaßen 100 mm x 15 mm x 1,5 mm sind in der unteren Abbildung 34 dargestellt. Generell konnte das hergestellte Monofilament mit der Demonstrator-anlage verdruckt werden. An den Endbereichen sind jedoch teilweise Matrixanhäufungen und trockene Einzelfilamente des verwendeten CF-Rovings zu erkennen.

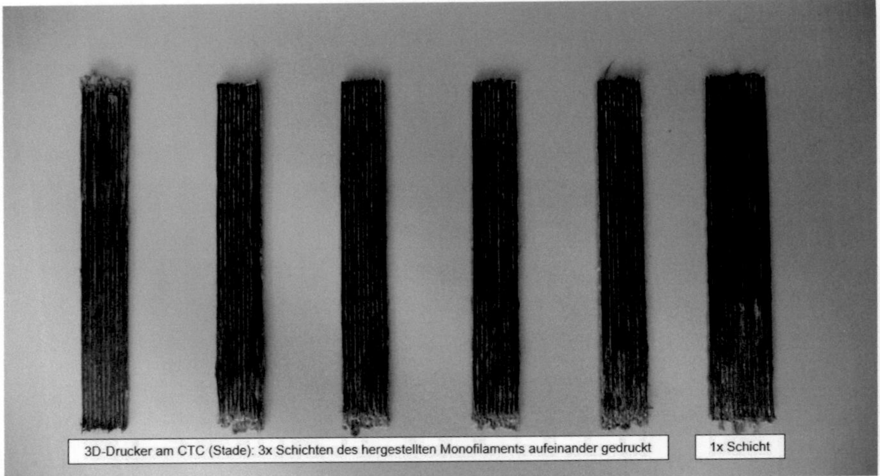

Abbildung 34: Prüfkörper gedruckt an der Demonstratoranlage mit dem endlosfaserverstärkten Monofilament

Die Prüfkörper wurden vor den mechanischen Untersuchungen im μ-Computertomographen „Phoenix-x-ray v|tome|x m (research edition)" am FIBRE analysiert. Die zugehörigen Aufnahmen sind in der unteren Tabelle 8 dargestellt. Es ist zu erkennen, dass die oberste gedruckte Lage einen sichtbaren Abstand zu den unteren Lagen aufweist. Dies könnte auf eine zu geringe Imprägnierung der Einzelfilamente sowie einem zu geringem Matrixanteil außen auf den Monofilamenten zurückzuführen sein. Die Fehlstellen sind auch auf den Schliffbildern der Monofilamente erkennbar (siehe Abbildung 18 in AP 2.3). Im 3D-Druckprozess werden diese Bereiche nicht mehr weiter imprägniert.

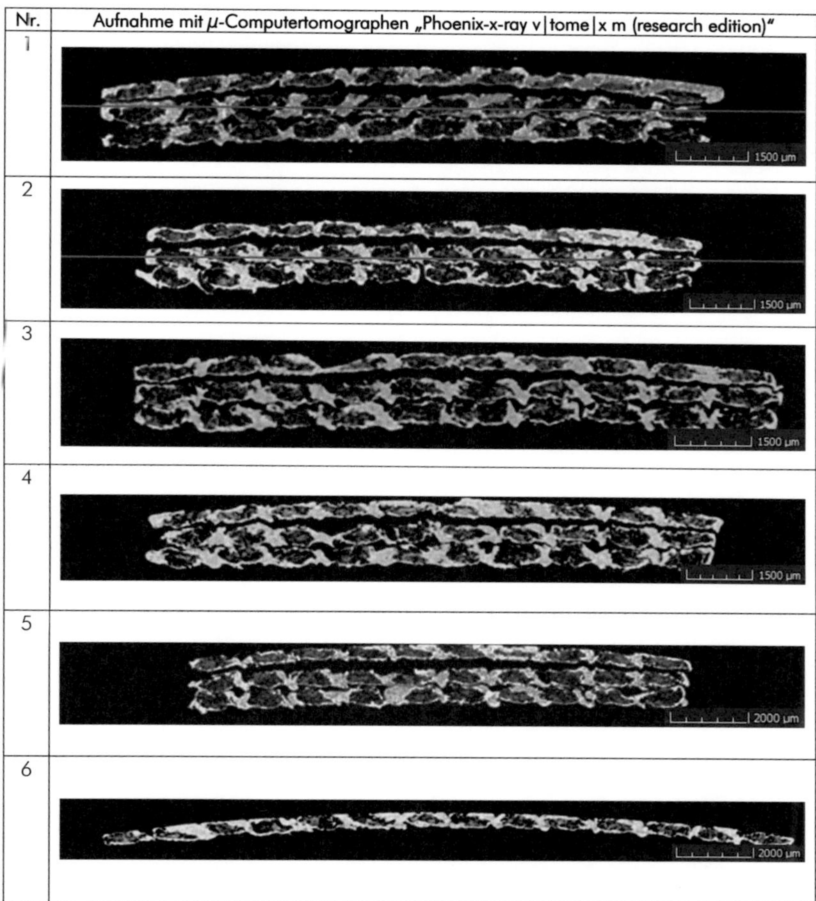

Anschließend wurden die Prüfkörper in einer Zugprüfmaschine (Universalprüfmaschine Zwick Z250) am FIBRE mechanisch geprüft. Die Ermittlung der Zugeigenschaften an den faserverstärkten Proben wurde in Anlehnung an die DIN EN ISO 527-4 durchgeführt. Diese ersten Prüfkörper wiesen eine Abweichung zur Norm bzgl. der Geometrie auf (Le < 150 mm d < 2 mm). Die in Abbildung 35 dargestellten Ergebnisse können für einen ersten qualitativen Vergleich der Proben herangezogen werden.

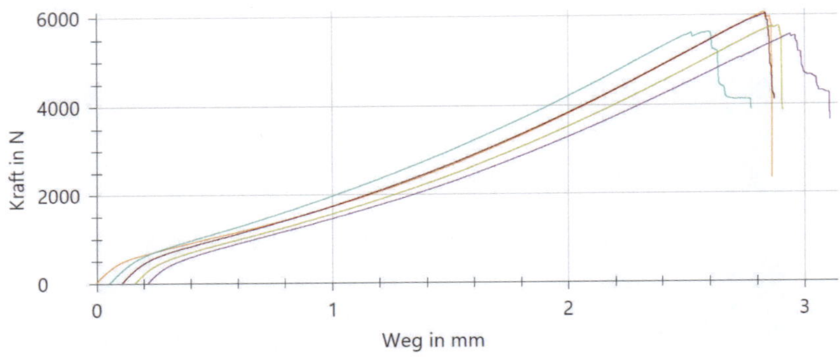

Abbildung 35: Zugprüfung der Probekörper (CF-PA6-Monofilament an Demonstratoranlage verdruckt)

Der Vergleich der oben dargestellten Messergebnisse zeigt, dass alle Proben einen ähnlichen Kurven-verlauf aufweisen. Die maximalen Werte liegen im Bereich zwischen ca. 5500 N bis 6000 N bzw. auf die jeweilige Querschnittfläche bezogen ca. 290 bis 310 MPa. Die Ergebnisse streuen damit wenig. Dies lässt darauf schließen, dass die gedruckten Proben einheitliche Eigenschaften aufweisen.

Aufgrund der Einschränkungen durch die Corona-Pandemie bei den Projektpartnern konnten keine weiteren Probekörper hergestellt werden. Das FIBRE hat sich bis Projektende auf die Halbzeug-herstellung und Fasereinbringung in die Matrix (AP 2.3) fokussiert. Auf diese Weise konnten durch weitere Prozessanpassungen und -optimierungen endlosfaserverstärkte 3D-Druckfilamente hergestellt werden, welche in den Schliffbildaufnahmen deutlich kleinere Fehlstellen sowie eine bessere Verteilung und Imprägnierung der Einzelfilamente zeigten als die für die ersten 3D-Druckproben verwendeten Filamente. Insbesondere die entscheidende Imprägnierung der Einzelfilamente im Kern wurde optimiert. Dies sollte die Qualität der 3D-Druckproben wesentlich verbessern, konnte aber aufgrund der genannten Einschränkungen nicht mehr verifiziert werden.

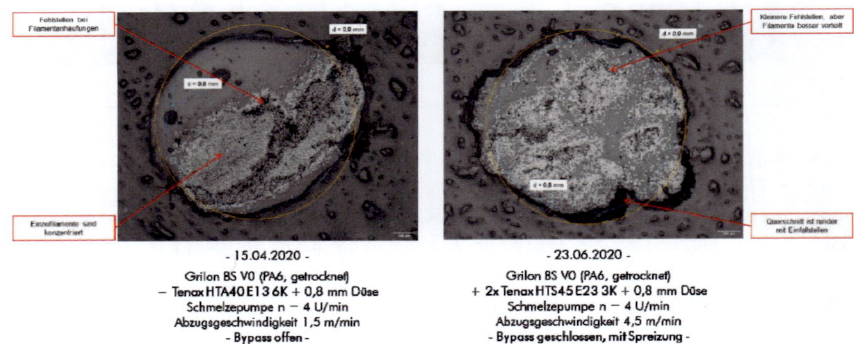

Abbildung 36: Schliffbilder der endlosfaserverstärkten Monofilamente (vor und nach den Optimierungen)

Des Weiteren wurde mit der Demonstratoranlage am CTC ein in der Entwicklung befindliches faserverstärktes Filament, welches von einem Materialhersteller bezogen wurde, zu einem Bauteil mit Inserts verdruckt (Bracket, siehe Abbildung 37). Am FIBRE sind laboranalytische Untersuchungen zur Dichte des Materials nach erfolgtem 3D-Druck an einer Probe durchgeführt sowie die Masse des Bauteils bestimmt worden. Außerdem wurde das Bauteil im μ-Computertomographen „Phoenix-x-ray v|tome|x m (research edition)" am FIBRE gescannt und mit den CAD-Modell verglichen (siehe Abbildung 38).

Dichtebestimmung gemäß DIN EN ISO 1183-1:2004
(VERFAHREN A - Eintauchverfahren für blasenfreie, feste Kunststoffe)

FLATISA Bracket Materialprobe	M1-1	M1-2
Dichte der Flüssigkeit [g/cm³]	0,9976	0,9976
Dichte der Probe [g/cm³]	1,235	1,225
Mittelwert [g/cm³]	1,230	

Massebestimmung per Waage

Bracket	Masse [g]
M1	38,9402
M2	38,9401
M3	38,9401
M Mittelwert	38,94

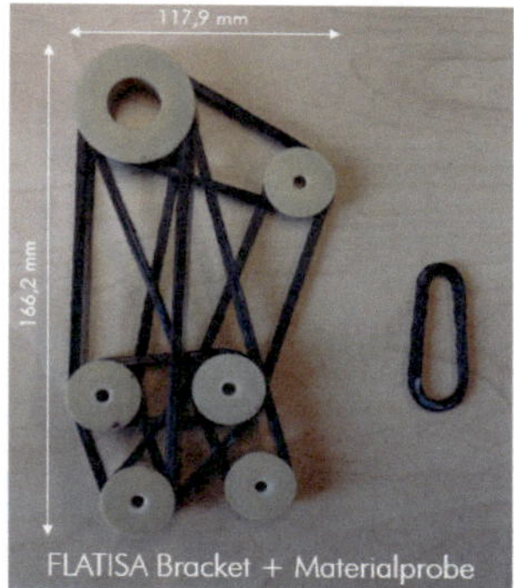

Abbildung 37: FLATISA Bracket und Laborergebnisse bzgl. Dichte des Materials und Masse des Bauteils

Die Laborergebnisse nach der Messung gemäß DIN EN ISO 1183-1:2004 ergaben für das verwendete Material eine Dichte von 1,23 g/cm³. Die ermittelte Masse des FLATISA Brackets inkl. Inserts betrug 38,94 g.

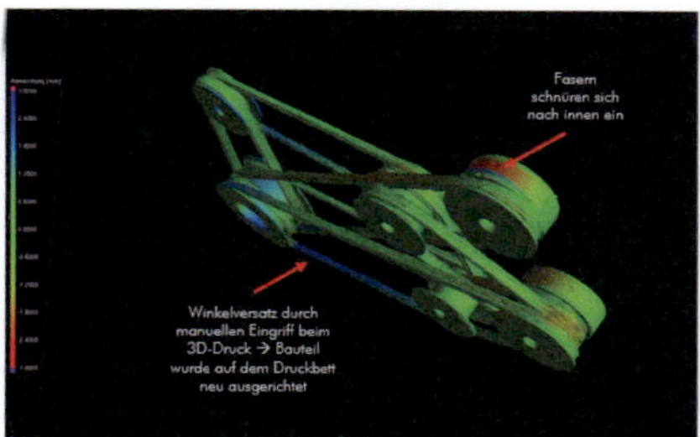

Abbildung 38: Vergleich μ-CT-Scan mit CAD-Modell des FLATISA Brackets

Beim oben dargestellten 3D-Scan des 3D-gedruckten FLATISA Brackets basierte die Farbskalierung auf dem Vergleich mit dem zugehörigen CAD-Modell. Dabei waren die maximale Abweichungen von + 3 mm (blau: zu viel Material) bzw. - 3 mm (rot: zu wenig Material). Es ist zu erkennen, dass der größte Anteil keine bzw. sehr geringe Abweichungen (< 0,6 mm) zum CAD-Modell aufwies (grüne Färbung). Die roten Bereiche am Insert deuteten auf einen Versatz nach innen hin, welcher durch die Einschnürung des Fasermaterials beim Umlauf um den Insert beim 3D-Druck erfolgte. Des Weiteren war auf einem vergleichsweise langen, freien Teilstück zwischen zwei Inserts eine Blauverschiebung erkennbar. Dies wurde durch einen Winkelversatz hervorgerufen, welcher aus der Folge eines manuellen Eingriffs und der Neuausrichtung des Bauteils auf dem Druckbett resultierte.

- AP 8.2   Untersuchung der thermisch bedingten Material- und Bauteileigenschaften:

Aufgrund der Einschränkungen durch die Corona-Pandemie bei den Projektpartnern konnten keine Probekörper für Untersuchung der thermisch bedingten Material- und Bauteileigenschaften aus den hergestellten endlosfaserverstärkten Monofilamenten gefertigt werden. Das FIBRE hat sich bis Projektende auf die Halbzeugherstellung und Fasereinbringung in die Matrix (AP 2.3) fokussiert.

- AP 8.3   Prüfung der Brandeigenschaften:

Aufgrund der Einschränkungen durch die Corona-Pandemie bei den Projektpartnern konnten keine Probekörper für die Prüfung der Brandeigenschaften aus den hergestellten endlosfaserverstärkten Monofilamenten gefertigt werden. Das FIBRE hat sich bis Projektende auf die Halbzeugherstellung und Fasereinbringung in die Matrix (AP 2.3) fokussiert.

2.2   Voraussichtlicher Nutzen und Verwertbarkeit der Ergebnisse

Über das Forschungsvorhaben FLATISA wurden innovative Fertigungsmethoden für endlosfaserverstärkte 3D-Druckfilamente entwickelt und dadurch der Innovations- und Industriestandort Deutschland gestärkt. Am Faserinstitut Bremen wurde der Forschungsschwerpunkt bzgl. der Entwicklung von Herstellungsverfahren für endlosfaserverstärkte 3D-Druckfilamente im Kompetenzfeld Strukturdesign und Fertigungstechnologien deutlich ausgebaut. Das FIBRE steigert in diesem Bereich die eigene Expertise und stärkt die eigene Stellung innerhalb der Forschungslandschaft insbesondere hinsichtlich der Herstellung endlosfaserverstärkter Druckfilamente. Dies stärkt auch die führende Position des materialwissenschaftlichen Schwerpunkts im Fachbereich Produktionstechnik der Universität Bremen.

Im Bereich des endlosfaserverstärkten 3D-Drucks sind bereit weitere Forschungsvorhaben gestartet bzw. beantragt worden, welche darauf abzielen, bis zum Jahr 2025 einen werkzeuglosen 3D-Faserdruck sowie den 3D-Druck bionischer Strukturen mit Faserverstärkungen zu ermöglichen. Hierbei ist das laufende BMWi LuFo VI-1 Projekt „FIONA - Funktionsintegrierte Optimierte Neuartige Additive Strukturen (Fkz.: 20W1913D)" zu nennen. In diesem Forschungsvorhaben werden am FIBRE auf Grundlage der Ergebnisse aus dem FLATISA Projekt das Fertigungsverfahren zur Herstellung endlosfaserverstärkter 3D-Druckfilamente für Matrixsysteme aus Hochleistungsthermoplasten (PEEK, PEKK etc.) weiterentwickelt. Des Weiteren wird im laufenden ZIM-Projekt „3x3D-Druck - Entwicklung einer Technologie für den Adaptiv-Endlosfaserverstärkten-3D-Druck (Fkz.:   KK5028301EB0)" ebenfalls die direkte Weiterentwicklung des Fertigungsverfahrens für endlosfaserverstärkte 3D-Druckfilamente verfolgt. Dabei werden ein Polycarbonat- bzw. ein Polyamid-Matrixsystem betrachtet, um die zugehörigen Filamente an das beim Projektpartner zu entwickelnde 3D-Drucksystem sowie die speziellen Anwendungsfälle anzupassen. Außerdem ist das BMWi LuFo VI-2 Projekt „TIRIKA - Technologien und Reparaturverfahren für nachhaltige Luftfahrt in Kreislaufwirtschaft (Fkz.: 20W2103I)" beantragt worden, in welchem die Verfahren zur Herstellung von 3D-Druckfilamenten aus zu recycelnen Hochleistungsthermoplasten entwickelt werden und das Thema Nachhaltigkeit im Fokus liegt. Das Projekt FLATISA stellt somit einen Meilenstein in der Forschungsroadmap des FIBRE dar, auf dessen Basis die genannten Forschungsvorhaben aufbauen und weitere Projektskizzen entstehen werden.

Des Weiteren werden die Ergebnisse aus FLATISA zum entwickelten Imprägnierverfahren für die Einzelrovings auf weitere Faserverbundfertigungstechnologien übertragen. Hierbei sind die Trocken-imprägnierprozesse für (thermoplastische) Pultrusionsanwendungen zu nennen, da auch hier Forschungsbedarfe zur in-situ Imprägnierung bestehen.

2.3   Fortschritt auf dem Gebiet des Vorhabens bei anderen Stellen

Die Herstellung endlosfaserverstärkter 3D-Druckfilamente mit flammhemmenden Matrixsystemen wird nach Kenntnis des FIBRE an keiner anderen Forschungseinrichtung untersucht und stellt daher ein Novum dar. Andere Forschungseinrichtungen betrachten den zugehörigen Imprägnierprozess mit PLA-basierten Matrixsystemen [Val20]. Außerdem werden andere 3D-Druckverfahren eingesetzt, bei welchen in einer Coextrusion die trockenen Einzelrovingen mit einem Thermoplastsystem im 3D-Druckprozess verarbeitet werden. Dabei können durch eine ungenügende Imprägnierung der Rovinge entsprechend Poren und damit Fehlstellen im 3D-gedruckten Bauteil entstehen. Außerdem gehen verschiedene Firmen wie z. B. DesktopMetal dazu über, die kommerziellen Drucksysteme auf die Verwendung von sehr dünnen und schmalen Tapes zu entwickeln. Dies führt zu Einschränkungen in der geometrischen Bauteilvielfältigkeit, da mit diesen Tapes nur bestimmte Radien abgelegt werden können. Bei 9Tlabs wird das Tape im Druckkopf rund umgeformt. Mit den tendenziell runden 3D-Druckfilamenten lassen sich vergleichsweise größere Gestaltungsvielfalten erreichen.

2.4 Erfolgte oder geplante Veröffentlichungen des FE-Ergebnisses

Die unten aufgeführten Veröffentlichungen sind während der Projektlaufzeit durch das FIBRE erfolgt:

- J. Born (CTC GmbH), F. Meijer (FIBRE): „Approaches and Potentials for Additive Composite Manufacturing", SAMPE Europe Conference Southhampton, 2018
- D. Beermann (FIBRE): „3D printing overview and projects summary", ITHEC 2020 (online), Bremen, 2020
- J. Born (Airbus), D. Beermann (FIBRE): „Präsentation und Projektsteckbrief FLATISA", Verbundpräsentation auf der FORMNEXT (online), Frankfurt, 2020

Folgende weitere Veröffentlichungen sind gegenwärtig geplant:

- D. Beermann (FIBRE): „Development of a Manufacturing Process for Continuous Fibre Reinforced Printing Filaments", Poster Submission at MaterialsWeek 2021, DGM e. V., 2021
- D. Beermannb (FIBRE): „Development of a Manufacturing Process for Continuous Fibre Reinforced Printing Filaments", ICCM23, Belfast, verschoben von 2021 auf 2023

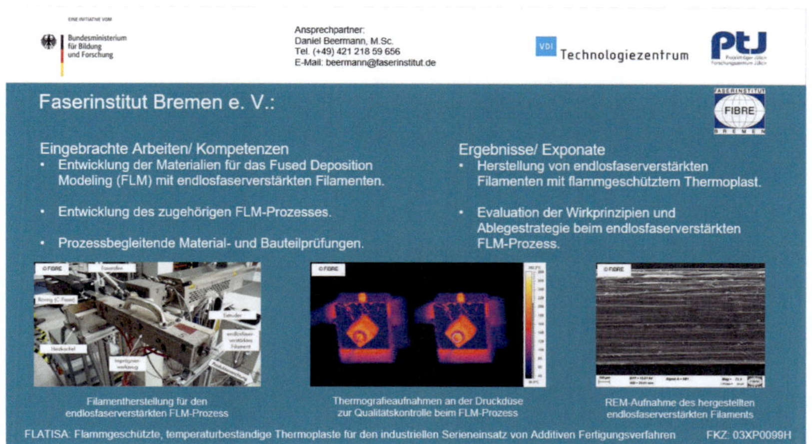

Abbildung 39: Projektsteckbrief FLATISA auf der FORMNEXT 2020: Projektinhalte FIBRE

3   Literaturverzeichnis

[Be90]   Becker, G., Braun W., Carlowitz D.: "Die Kunststoffe. Chemie, Physik, Technologie
            - Kunststoff-Handbuch Band 1", Hanser Verlag 1990

[Bg15]   BGS Beta-Gamma-Service: „Strahlenvernetzung - Kunststoffveredelung durch
            Bestrahlung", Broschüre, www.bgs.eu, 2017

[Bl14]   Black, S.: „3-D Printing of continuous carbon fiber composites?", High-
            performance Composites, (2014) Nr. May, S. 44-47.

[Br08]   Brocka-Krzemińska, Ż.: „Werkstoff- und Einsatzpotential strahlenvernetzter
            Thermoplaste", Dissertation, 2008

[Cl14]   Clijsters S. et. al.: „In situ quality control of the selective laser melting process using
            a high-speed, real-time melt pool monitoring system", The International Journal of
            Advanced Manufacturing Technology, 2014

[Ga15]   Gardiner, G.: „3D Printing: Niche or next step to manufacturing on demand?",
            Composites World Magazin, Gardner Business Media, Bd. Mai 2015 (2015).

[NN15]   N., N.: MarkForged – „Parts as strong as metal", https://markforged.com, Zugriff
            am 04.08.2015.

[Na14]   Namiki, M.; Ueda, M.; Todoroki, A.; Hirano, Y.; Matsuzaki, R.: „3D printing of
            continuous fiber reinforced plastic", Society for the Advancement of Material and
            Process Engineering - SAMPE Seattle, 2014, S. 6.

[Ta14]   Tapia, G., Elwany, A.: „A Review on Process Monitoring and Control in Metal-
            Based Additive Manufacturing", Journal of Manufacturing Science and
            Engineering, 2014

[Val20]   Valves, S.: „3D printed continious carbon fiber reinforced PLA composites: A short
            review", Procedia Structural Integrity 25, 2020

[We15]   Wegner, A.; Witt, G.: Materials in Laser Sintering: Availability, Characteristics and
            New Developments, In: Proceedings of the Inside 3D Printing Conference and Expo
            2015, Berlin, Germany 2015.

[Wo94]   Woods, R. J., Pikaev, A. K.: „Applied Radiation Chemistry: Radiation Processing",
            Wiley, 1994